引黄灌区面源污染模拟及区域污染物总量控制研究

吴 用 李 玲 孙 驰 著

黄河水利出版社
·郑 州·

内 容 提 要

针对黄河流域内大型的引黄灌区，由于人为活动剧烈易引发农业面源污染的发生和流失风险问题，本书首先介绍了农业面源污染发生过程的水文模拟和环境总量控制，借助分布式水文模型SWAT模型模拟了黄河流域上游河套灌区的面源污染的发生和迁移过程，并通过环境容量分配了各地区污染物排放总量，从而控制污染物的排放；其次通过构建多因子评价模型，评估了黄河流域下游赵口灌区面源污染的流失负荷和流失风险等级，分险等级的划分结果为地区农业面源污染的控制提供了理论基础和科学的指导。

本书可供环境科学与工程、农业资源与环境、生态环境工程等相关专业的科研人员与管理人员、高等院校相关专业师生阅读参考。

图书在版编目(CIP)数据

引黄灌区面源污染模拟及区域污染物总量控制研究 / 吴用，李玲，孙驰著. -- 郑州 : 黄河水利出版社，2024. 9. -- ISBN 978-7-5509-4009-3

Ⅰ. X501

中国国家版本馆CIP数据核字第2024WJ2429号

组稿编辑：王志宽　电话：0371-66024331　E-mail：278773941@qq.com

责任编辑	陈彦霞	责任校对	鲁　宁
封面设计	李思璇	责任监制	常红昕
出版发行	黄河水利出版社 地址：河南省郑州市顺河路49号　邮政编码：450003 网址：www.yrcp.com　E-mail：hhslcbs@126.com 发行部电话：0371-66020550		
承印单位	河南新华印刷集团有限公司		
开　本	787 mm×1 092 mm　1/16		
印　张	7		
字　数	166千字		
版次印次	2024年9月第1版	2024年9月第1次印刷	
定　价	68.00元		

前 言

水环境污染分点源污染和面源污染两类。随着点源污染得到有效的控制后，水体水质并没有得到明显的改善，这时人们才认识到面源污染的存在和危害性。据统计，目前全球有30%~50%的地表水受到面源污染的影响，其中又以农业面源污染贡献率最大。由于受土壤、地形、气候、水文、土地利用和管理方式等众多因素的影响，农业面源污染存在明显的地域性和不平衡性，污染负荷空间差异性非常显著。实地监测的方法虽较为准确，但往往需要大量的人力、物力，而且只适用于小尺度检测，难以反映流域尺度上面源污染的过程和机理。因此，模型模拟是目前用来分析面源污染空间分布问题较为有效的技术方法，运用GIS,RS,GPS与水文模型相结合，以环境问题为导向，评估面源污染对环境的影响已被广泛应用，并在工程实践和管理中取得了较好的效果。同时，开展农业面源污染风险评价体系构建与分类分区管理的研究，确定农业面源污染的空间分布与主要污染源，有助于将防治重点聚焦并提出针对性的农业面源污染防治途径。

本书立足于我国黄河流域大型引黄灌区的农业面源污染流失问题，第一部分侧重面源污染机理模型方面的研究，运用目前应用广泛的分布式水文模型SWAT模型，以黄河流域上游的内蒙古河套灌区流域为典型流域代表，对河套灌区流域的水文循环过程和污染物运移特征进行模拟。具体工作主要包括：采用手动校准和自动校准相结合的方法对径流模拟的相关参数进行了率定；模拟分析了TN、TP的负荷量及变化趋势，揭示了灌区流域的径流及面源污染与灌区平原内的管理措施（灌溉水量、灌溉时间、施肥量等）的相关关系；依据灌区施肥情况，以小麦和玉米为例，对比分析了两种施肥方式情景下TN负荷的变化情况；采用零维Dillon模型计算出流域内受纳水体乌梁素海在景观用水Ⅲ类水质标准条件下的水环境容量；利用基尼系数法评价了总量分配方案的合理性，并对乌梁素海的水环境容量进行分配，推算出临河、五原、磴口、杭锦后旗4个行政区的各自水环境容量。第二部分为农业面源污染的风险评估研究，针对不同地区的风险来源、地形地貌、土壤水文条件、社会经济发展等方面的较大差异，探索出了一套适用于灌区的农业面源污染生态风险评价指标体系。以河南省赵口灌区为研究区，基于统计年鉴、水质和水量监测资料，建立了多因子综合评价模型，结合ArcGIS和ENVI等软件，将河南省赵口灌区农业主要生产投入资料（包括种植业、畜禽养殖业和农村生活）作为主要风险来源，以此为切入点，构建赵口灌区农业面源污染风险评价系统，在栅格尺度上计算灌区氮素农业面源污染风险指数，划分风险等级并识别氮素农业面源污染风险较高的优先管控区，快速高效地识别出面源污染发生风险，对地区农业面源污染排放风险的分布特点和规律进行分析，为后期农田管理、污水处理措施进行指导，提高治理效率，为有关部门能有效控制和治理氮素农业面源污染提供科学依据和理论支持。

本书是“十四五”国家重点研发计划子课题“北方集约化农区面源污染风险评价指标体系及评估模型构建”和河南省科技攻关计划项目“基于空间栅格数据的河南省氮素农

业面源污染多层级风险评估体系研究”研究工作的总结。全书由河南农业大学资源与环境学院吴用、李玲和郑州工程技术学院土木工程学院孙驰共同撰写，由吴用统稿。书稿在撰写过程中，得到了河南省土地整治与生态重建工程技术研究中心、郑州市国土空间优化重点实验室的大力支持。感谢土地资源利用与管理校创新团队高林林、杨书涵、刘雪柯、张翔源、李兴明和范行行等同学的努力与贡献！

限于作者水平且撰写时间仓促，书中难免存在疏漏和欠妥之处，敬请各位读者予以批评指正。

作　者

2024 年 6 月

目　录

第1部分　黄河上游灌区面源污染机理模型的应用

第2部分　黄河下游灌区面源污染多因子综合评价模型的应用

第 1 部分　黄河上游灌区面源污染机理模型的应用

1　引　言

1.1　研究背景

21 世纪以来，随着工业革命和人类社会化进程的发展，资源的短缺和环境的恶化逐渐引起了各个国家的重视。全球人口快速增长，加上工业发展过程中对资源的过度开发利用和管理不善，资源的紧缺和环境污染问题日益凸显。尤其水资源问题最为突出，水污染和全球气候变暖等水环境和水生态系统的持续恶化，已开始威胁全球人类的生存、食物安全和公共健康。

水环境污染主要有点源污染和面源污染两类。人类最先开始注意到的水环境污染是点源污染，主要因其特征明显，即有固定的排放点，且污染物质是通过管道或通道输入河流、湖泊等的，地理位置清晰明显。随着社会的发展和环境治理技术手段的不断提高，点源污染得到有效的控制排放，但河流及湖泊水体等地表水水质并没有得到明显的改善，学者们才深入研究进而发现面源污染的存在。面源污染具有面积分布广、发生源随机性大、污染物的时空分布不均、监测和控制及处理困难等特点，治理难度大，蔓延之势迅速。相关研究表明，全球有 30%～50%的地表水污染直接受到面源污染的影响，而其中农业面源污染的比例最大。农业面源污染主要包括营养盐、化肥、农药和病菌，指通过流域内降雨-径流、农田灌溉/排水和田间渗漏等方式，由土壤向水体扩散的过程。据数据统计，即使点源污染得到全面的控制，江河湖泊的地表水水质达标率也仅有 42%～65%。在美国，河流湖泊中约 60%的污染源来自农业面源污染。美国环境保护总署（USEPA）最近的环境公告显示，美国境内 50%的河流水质仍受到污染，其中参评的河流数约占美国境内河流总数的 26%。欧洲发达国家的地表水中，总磷污染的 24%～71%来自农业的输出。在加拿大，农田生产过程中由农田输出的氮、磷总量分别占污染物输出总量的 82%和 49%，其中农田化肥用量较大的地区，地下水中的 NO_3-N 含量达到了 160 mg/L，该值已经超过了欧盟设定的饮用水中硝酸铵盐含量标准的 16 倍。中国作为一个农业大国，耕地面积居世界第三位，高达 1.35×10^8 hm^2，根据我国生态环境部 2020 年第二次全国污染源普查公报的结果，我国的农业面源污染源中主要污染物（排放）量（其中：不包括农村生活污染源)：化学需氧量(COD)1.07×10^{7} t，总氮(TN)1.41×10^{6} t，总磷(TP)2.12×10^{5} t。其中，COD 占全国总污染物量的 49.77%、TN 占全国总污染物量的 46.52%，TP 占全国总污染物量的 67.22%(第二次全国污染源普查公报，2020)。多数学者认为，农业面源污染的流失及畜禽粪便和农村生活污水是造成地区流域内水体氮磷超标、富营养化的主要原因。通过对我国巢湖、太湖、滇池和洱海的研究发现，农业面源污染是造成其湖泊水质恶化的主要原因之一，其贡献率大大超过来自城市生活污水和工业废水的点源污染，在面源污染物中，TN 和 TP 分别占污染负荷的 70%和 50%。据统计，我国农村人口达到 4.65 亿人，且住所分散，农村生活污水的产生量约为 3.45×10^{10} t/a，由于绝大多数农村没有配套的排水渠道和污水处理系统，致使生活污水无序排放造成农村生态环境的严重破坏，不仅影响了农业生产活动中灌溉水的水质及作物产量，而且严重威胁着地区内农村居民的饮用水安全，因此控制和治理农业面源污染的排放是现阶段水环境保护及治理的重点。

农业生产活动中化肥的施用不可或缺，在作物的增产中起着重要的作用。据相关研究估算，化肥增加的作物产量占作物总产量的 25%，在全球范围内，每亩农田施加 1 t 化肥可增加作物产量 6.44×10^{4} t。根据我国农业统计年鉴，我国农业化肥使用量从 2012 年的 6.12×10^{7} t 下降到 2022 年的 5.08×10^{7} t。依据 2022 年的相关数据计算对比发现，氮肥的生产量占全国化肥生产量的 75%左右，且消费总量占比高达 65%左右，氮肥的施用量高居世界前列。相关统计资料表明，我国每年的农业化肥施用量已达 5×10^{7} t，是世界化肥平均使用量水平的 2 倍多。然而我国化肥的利用率却相对较低，氮肥的利用率最高为 50%，平均利用率水平在 35%左右；磷肥的利用率最高为 20%，平均利用率水平为 15%；钾肥的平均利用率水平在 40%左右。除化肥使用量巨大外，我国每年农药的使用量均在 1.20×10^{6} t 以上，其生产量和使用量也都居世界前列。农药在其使用过程中，只有 10%~20%的农药附在植物体上，其余都散落在土壤和水中进而进入地表和地下水体。化肥、农药和地膜的使用，不仅造成土壤土质的恶化(如土壤板结、酸化等)，而且农药和化肥可以通过地表径流、下渗和地下径流等方式进入水体，引起水体的富营养化及水质恶化。因此，针对农业面源污染治理，需要制定有效的区域水环境评价、监督及管理机制，来防治区域内水环境的进一步恶化。分布式水文模型(SWAT 模型)是目前模拟评价区域水文循环和污染物运移最为准确和方便的研究方法，合理准确地构建流域水文模型是摸清区域内面源污染运移特征的基础和前提。

水环境容量是指水体环境在标准环境质量目标约束下承载的最大污染物数量及容量大小，其值在给定的水域范围、水质目标、水文条件等前提下随条件变化而变化。它不仅与水体特征及污染物特性有关，同时还与污染物排放方式即排放的时空分布有密切关系，是污染物总量控制、环境规划和环境管理的基本依据及技术关键。自 1972 年斯德哥尔摩水环境会议以来，世界各国面对日益变化的水环境问题，在研究方法和管理措施方面进行着不断的探索。我国水环境容量研究始于 20 世纪 70 年代，最初主要处于浓度管理型阶段，管理尺度主要以行政区域为主。“九五”时期，我国制定了相关的污染物排放总量控制标准，标志着我国的水环境问题从浓度管理型阶段开始向总量控制型管理阶段过渡，管理的尺度细化到以流域或更小的自然水体单元。“十五”期间，提出了更加科学、系统的管理方法，将功能区划分、水环境容量的计算、污染物总量分配和监控等技术进行了高度的集成,形成了较为全面的流域水污染总量控制技术研究方法。区域内的经济生态和谐共存离不开完整、完善的水环境控制管理方案。科学地利用、管理和规划区域水资源是确保地区流域内自然环境和经济社会长期可持续发展的必要条件。

1.2　研究目的与意义

内蒙古河套灌区地处干旱半干旱季风气候区,是我国北方重要的商品粮基地和三大全国特大型灌区之一。自新中国成立以来,由于粮食供给的压力,我国在大型的农田灌区建设上主要以经济效益为主,农业生产活动中辅以农药和化肥来增加灌区粮食产量,忽略了灌区流域的生态环境建设。近年来,随着农药化肥的大量使用,河套灌区流域的生态环境已遭到严重的破坏和污染。灌区内农牧地区畜牧业的快速发展、畜禽粪便的无序排放,使得灌区内水体水质持续恶化,生态环境遭受严重的破坏,已严重危害到灌区内居民的身体健康,并直接影响着灌区农业的可持续发展。有研究表明,河套灌区有效灌溉面积 5.7×10^5 hm^2,每年施用化肥量为 2.26×10^5 t,有效成分折为氮素为 5.08×10^4 t,大部分氮素通过挥发、淋失、渗漏损失进入河套灌区各支排干沟,最后汇入总排干沟排入乌梁素海。灌区内的湖泊水体接纳污染物的负荷量已严重超过自身水体的自净能力,水体水质遭受到严重的破坏。

灌区湖泊由于地理位置因素,其大多在较为偏远的农牧业地区,恶化的生态环境和污染危害尚未能引起人们的足够重视,但其环境危害的严重性不容忽视。以乌梁素海为例,该湖位于内蒙古乌拉特前旗境内,现有水域面积 293 km^2,是黄河改道而形成的河迹湖,它既是黄河流域最大的湖泊,同时也是全球同纬度内荒漠半荒漠地区极为罕见的具有生物多样性和环保多功能的大型草原湖泊,对维护区域的生态平衡、保护物种多样性起着举足轻重的作用。近年来,随着灌区流域内经济和农业生产的发展、灌区内人口数量的增加,流域内化肥的施用量和生活污水的排放量逐年增多,大量的农田退水和生活污水挟带氮磷营养物质进入乌梁素海,导致乌梁素海水体水质遭到破坏并逐年恶化。数据研究表明,河套灌区流域内污染物排放总量已超过了农业灌溉水源所能承受的环境容量,其中每年接纳来自灌区的氮、磷就有 3 000 t,据 1990~2012 年对乌梁素海入海口水质监测数据,TN 平均浓度为 1.74 mg/L,TP 平均浓度为 0.07 mg/L,湖水中各营养盐总和达 5.6×10^5~1.10×10^6 t,入湖的污染负荷远远超过了湖泊自身的净化能力,导致湖区水草疯长,富营养化严重,曾一度丧失了水体净化的客观功能,已严重影响了灌区的生存环境。同时,乌梁素海作为河套地区水利工程的重要组成部分,90%以上的灌区农田退水挟带营养物经由总排干沟排入乌梁素海,营养物进入湖泊后经湖泊水体自净作用后排入黄河,生态环境遭到破坏的乌梁素海显然已成为黄河水体污染的又一个污染源。由此可见,灌区的农田退水、工业废水和生活污水已严重威胁着湖区的水环境质量和水质安全,使灌区可持续发展及流域生态安全面临着极大的挑战,直接影响黄河水生态环境安全。

防治和治理乌梁素海富营养化的有效途径是减少河套灌区农田退水中的氮、磷等污染物,如何有效地管理和控制灌区内营养物的流失是关键。由于农业面源污染不像点源污染能进行实地的监测,其具有发生范围广、排放点不固定且随机性高和低浓度等特征,实地监测需消耗大量的人力和物力,且效率低。运用模型模拟是分析面源污染时空分布和评估面源污染影响的主要技术手段。本书的研究以国家自然科学基金[寒旱区典型气候和下垫面条件下湖泊面源污染及其效应研究(51069007)]为依托,通过构建灌区流域内的分布式水文模型,模拟分析掌握灌区流域内的水文循环特点及污染物的运移特征,评估流域内径流和污染物年内和年际变化特征,并结合 GIS 中插值分析方法,分析和评估灌区流域内污染物空间分布特征及排污负荷量,根据模拟结果估算流域湖泊的水环境容量,分析湖泊动态水环境容量的变化,采用权重分析法对湖泊水环境容量进行定额分配,并对其分配结果进行合理验证,研究结果可为河套地区农田管理活动(灌溉水量、灌溉时间及施肥量等措施)提供参考,也为治理乌梁素海富营养化提供借鉴。

1.3 国内外研究进展

1.3.1 国外面源污染研究进展

20 世纪 40 年代,面源污染的概念首次在威斯康星州政府的报告中被提出,当时污染物来源的研究主要集中在点源污染物上,报告中的结论在当时并没有引起人们的注意。20 世纪 60 年代开始,农药大量的使用和其危害慢慢的凸显,以 DDT 为主的化学物质开始进入人们的视野,人们逐渐意识到面源污染物的存在。这个时期的研究中,由于监测资料的缺乏,加之对面源污染形成机理和流失过程的认识不足,研究内容主要采用经验模型,通过建立污染物负荷量与径流量或土地面积之间的关系进行污染物负荷量的估算,模型的功能单一,不能模拟污染物运移的动态过程及负荷量。当时代表性模型有美国农业部(United State Department of Agricultural, USPA)开发的径流曲线方程 SCS-CN(Soilconservation Service, Curve Numbermethod)和斯坦福流域模型 SWM(stanford watershed model)模型及 1965 年美国农业部开发的通用土壤流失方程 USLE(universal soil loss equation)。

从 20 世纪 70 年代起,面源污染逐渐受到各国科学家们的重视,人们开始对面源污染进行广泛的监测和数据的积累,在此基础上对其发生过程和形成机理进行了进一步的深入研究。在模型开发方面,从相对简单的经验模型向复杂的确定性模型进行改进。比较有代表性的如 USDA 的 GREAMS(chemicals, runoff and erosion from agricultural management systems)模型,该模型主要由水文模块、侵蚀模块和化合物转化模块 3 个主模块构成,通过 3 个模块的联合应用能对田间的径流、泥沙和化肥等污染物进行模拟估算,还可通过情景分析设置,评估不同农业措施对面源污染流失量的影响。小流域尺度的应用中,代表性的模型还有 USDA 与美国佐治亚大学共同研发的 GLEAMS(groundwater loasing effects of agricultural management systems)模型,该模型能较好地实现小流域的模拟分析。在欧洲,代表性的模型有 ANSWERS 模型,该模型可以较好地模拟农业地区雨后及降雨期间流域的水文特征。虽然该阶段的模型能较好地模拟分析和估算面源污染的流失量,但在实际应用中大多数只能应用到小流域范围,在很大程度上限制了模型的推广和应用。

进入 20 世纪 90 年代,计算机的应用和技术有了长足的发展,同时“3S”技术(GIS、RS 和 GPS)的兴起和广泛应用,使得面源污染模型的功能有了更进一步的提升。模型在吸收了 GIS 优点的基础上,通过改进提升后能较好地模拟污染物流失过程和空间变异特征,同时模型基于 GIS 平台能对大面积和复杂地貌特征的流域进行空间数据分析与处理及可视化模拟。代表模型有 USDA-ARS 开发的 SWAT(soil and water assessment tool)模型和 AnnAGNPS(annualized agricultural nonpoint source model)模型,美国环保局的 BASINS(better assessment science integratiing point and nonpoint sources)模型。SWAT 模型能模拟流域尺度下的径流和污染物迁移过程,以子流域为单元分析污染物在流域内的空间变化特征;AnnAGNPS 模型是 AGNPS 模型的改进和扩展,该模型克服了 AGNPS 模型在长时间连续模拟方面的不足,能评价长时间序列下的水质动态变化;BASINS 模型是一个综合模型,主要模块包括 HSPF 水动力模型、水质模型和 QUAL Ⅱ 模型,该模型可模拟流域内面源污染物的运移过程且能分细节地评价流域内的污染物负荷。

1.3.2　国内面源污染研究进展

我国面源污染的研究始于 20 世纪 80 年代初,国内通过对全国江河、湖泊、水库等地表水体进行富营养化调查后逐步开始了我国面源污染研究工作。最初的工作主要集中在农业区域,对区域内的面源污染进行宏观的描述和特征分析,利用统计学方法对污染物负荷量进行初步估算与分析。

20 世纪 90 年代,我国在面源污染研究方面取得了一些进展,经过前期的数据和经验的积累,人们开始利用数理统计的方法构建面源污染的统计模型。李定强等通过在广州小流域面源污染负荷的研究中,基于大量的数据建立了降雨量-径流量、径流量-污染物负荷输出量之间的数学统计模型;李怀恩等以暴雨径流为研究对象,建立了一个完整流域的降雨与径流污染负荷计算的响应函数模型,模型由降雨径流模型、流域产污模型与污染物迁移转化模型组成,其中以污染物迁移转化模型为主;刘峰等在美国的通用土壤流失方程 USLE 的基础上,通过对于桥水库流域面源污染研究提出了流域面源污染的量化识别方法;陈西平提出了计算农田径流污染负荷的模型。相对国外而言,我国关于机理类模型则研究较少。

进入 21 世纪,随着国外机理模型的不断完善和成熟,集成遥感和地理信息系统的综合模型被我国学者广泛借鉴和应用。根据我国的实际情况,学者们在面源污染控制治理方面,主要研究热点集中在统计分析、机理探究和模型改进应用。模型改进应用方面,代俊峰等改进 SWAT 模型的水运动和水循环模块,将 SWAT 模型成功应用到中国南方的水稻地区。马超飞等以 USLE 方程为基础,结合 RS 技术和 GIS 技术,模拟分析了岷江上游退耕还林措施对环境变化的影响及水土流失量的预测。饶群等根据实地监测的 TN 浓度资料,基于流域径流模型建立了总氮负荷与流量模数的关系方程,并在隔河岩水库验证了模型模拟结果的可靠性和精度。蒋颖等以 WARMF 模型为研究工具,对流域关键控制区的水质、水量和污染物进行了统计分析,并依据水质标准提出了总量控制下流域污染负荷的控制方案。

1.3.3　面源污染模型比较

依据面源污染模型的发展历程,依次可将其划分为 3 大类,即经验统计模型、机理模型和随机模型。在模型的选择应用时,应结合研究区实地情况、数据多少进行选择。只考虑输出结果,不考虑污染物迁移过程的,可选择计算简单方便、结果单一的经验统计模型;探究流域内水文过程和污染物的迁移转化,且相关数据充分,可选用模拟结果较为精确的机理模型。

本书对常见的经验统计模型、机理模型和随机模型的适用范围及优缺点进行了简单的归纳,如表 1-1-1 所示。

表 1-1-1 几种常见的水文模型比较

模型名称	空间尺度	参数形式	时间步长	模型组分	不足
USLE	坡地	集总	年	降雨、土壤可蚀性、作物管理、坡度坡长和水土保持措施 5 大部分	无法进行次降雨土壤侵蚀的预报;不能描述土壤侵蚀的物理过程;不适用泥沙沉积、垄作的区域
WEPP	坡地	分布	日	气候发生器,表面和亚表面的水文、冬季冻融过程、输送和沉积;泥沙的运动	模拟范围局限只适用于田间田块;无法模拟河道侵蚀和沟蚀
GREAMS	农田	集总	日	水文、侵蚀或泥沙、化学污染物模块	模型参数简单;流域土壤、地形和土地利用状况的差异性较差;对侵蚀产沙过程考虑不够
ANSWERS	流域	分布	日	考虑降雨初损、入渗、蒸发、冲蚀和沉积;氮磷的复杂污染平衡	不能模拟融雪过程及化学物质在输移过程中的相互转换;属于单一事件模型
HSPF	流域	分布	小时	由 HSP、ARM 和 NPS 3 个模块组成;能完整模拟路面和土壤污染物径流过程和沉积物化学变化	存在前提假设,即地区流域对 Starford 流域水文模型适用;污染物在受纳水体的宽度和深度上充分混合,在一定程度上限制了模型的实用性
BASINS	流域	分布	天	稳态水质模型(QUAL2E);流域模型(HSPF、SWAT);污染物负荷模型(PLOAD)	对数据资料的要求高,未对(SWAT、PLOAD)模型进行改进,水质评价精度不高,且运行平台要求较高

续表 1-1-1

模型名称	空间尺度	参数形式	时间步长	模型组分	不足
AnnAGNPS	流域	分布	日或以下步长	SCS 水文模块、侵蚀和泥沙输移、RUSLE 氮磷模块	未考虑降雨空间的差异性；忽略了地下水部分；TP 的模拟精度不高；未考虑泥沙及营养物在河道中的迁移转化
SWAT	流域	分布	日	SCS 水文模型、泥沙负荷（MUSLE）、河道污染物迁移转化（QUAL2F）、湖泊水体水质模块	不能模拟详细的基于事件的洪水和泥沙，没有考虑不同子流域之间的地下水流动关系；模型所需的参数较多，水库演算出流计算过于简化

1.4　SWAT 模型研究进展

SWAT 模型是 20 世纪 90 年代美国农业部农业研究中心（USDA-ARS）开发的以年、月和日为时间步长，模拟流域尺度下径流过程和面源污染运移特征的分布式水文模型。模型借助 GIS 平台提供的空间分析能力，能模拟分析并预测流域内长时间序列的水沙运移过程，评估分析土地利用类型、土壤类型和管理措施的变化对流域内水文循环和营养物运移的影响。模型在水量平衡的基础上，以降水数据为驱动力，将流域划分为水文特征单一的水文响应单元（hydrologic response units，HRUs）进行单元内水文过程模拟分析。模型陆面水文过程通过计算单元内日产流量以子流域为单位推算单位子流域产水量对河道水量的贡献；河道部分则采用马斯京根法计算河道的汇流演算。由于模型代码公开可下载，自开发发布以来，模型结构和计算效率得到了不断的更新和完善，界面和操作的易用性使得其在世界各国都有广泛的应用。

1.4.1　SWAT 模型径流模拟及面源污染研究

SWAT 模型可以模拟不同尺度下的水文过程及氮磷营养物质和农药、杀虫剂在流域内的迁移转化过程。在国外的研究中，自然流域的水文径流模拟和人为活动剧烈的灌区平原的污染物运移模拟均有广泛的应用和研究。国内由于监测数据的缺乏，特别是在泥沙等相关流域或地区的泥沙负荷研究相对较少。

Arnold 等验证了模型的水文过程，模拟在美国伊利诺伊河 3 个流域、密西西比河支流等不同时空尺度、不同水文条件、不同地形特征流域的适用性；Srinivasan 等在得克萨斯州中北部 Mill 流域进行了泥沙累计的模拟和预测，泥沙累计负荷模拟结果满足模型精度要求；Santhi 等对得州的韦斯特福克河流域进行了两种水质管理情景的模拟，用率定后的模型评价了规划前后对面源污染的长期影响；Bruna Grizzetti 在瓜迪亚纳河流域运用 SWAT

模型模拟分析了以日为时间步长的径流过程及以月为时间步长的泥沙和营养物质的运移特征，模拟结果均符合实际，同时进一步评估了流域内的点源污染和泥沙及污染物资料的缺失对模型模拟精度的影响。Tripathi 等借助了 SWAT 模型的空间分析能力，通过泥沙的模拟分析，评估出印度 Nagwan 流域中各子流域泥沙侵蚀的程度，其结果可为当地的管理部门提供相应的水土流失防治依据。在国内，庞靖鹏等运用 SWAT 模型对密云水库流域的径流及面源污染负荷进行模拟分析，对区域内不同的管理措施方案进行了情景设置评估，为流域内面源污染的治理提供了参考；王中根等将 SWAT 模型成功地运用到西北寒区，模拟了区域内的日径流水文过程；胡连伍等基于 SWAT2000 评价了该模型在杭埠—丰乐河流域的水文、泥沙和污染物模拟 3 方面的适用性；张秋玲针对杭嘉湖区的面源污染问题，借助 SWAT 模型，明确分析了农业面源污染的贡献率，从时空变化和土地利用等方面评价了面源污染的动态变化特征。

1.4.2 SWAT 模型的精度不确定性影响研究

SWAT 模型通过概化流域特征来推理和计算流域内的水文过程。以 HRUs 单元为最小计算单位，推算各子流域产汇流量和污染物输出量。Manguerra 等研究发现子流域和 HRUs 的个数对河川径流量的模拟有一定的影响，在流域划分过程中，空间尺度越大，径流模拟预测的准确性越低，分析其主要原因是径流曲线数 CN 值的实际分布。Jha 等研究进一步发现，流域划分时子流域阈值的选取直接影响着模型模拟结果的可靠性，不同阈值对应不同的子流域个数，其模拟结果是径流量变化不明显，泥沙和氮磷污染负荷的变化剧烈，并指出 3%、2%或 5%是最佳汇水面积阈值。Bingner 等的研究也发现，子流域个数的变化对径流模拟结果影响较小，但对泥沙的模拟影响非常敏感，泥沙负荷量会随着子流域个数的增加而增大，但最后会趋于稳定。张召喜等以云南凤羽河流域为研究对象，研究了不同子流域划分水平对径流、泥沙和污染物负荷的影响，指出泥沙负荷的变化主要由河网密度和河道坡度引起，营养物负荷会随子流域个数的增加趋于稳定。

SWAT 模型在空间概化中，空间输入数据分辨率的大小直接影响着 HRUs 的划分个数。DEM、土地利用/覆被和土壤图等空间数据的分辨率直接或间接地影响着模型的模拟精度。Cotter 等通过模拟穆尔斯溪流域水文循环过程和泥沙运移及营养物硝态氮过程发现，当 DEM 分辨率控制在 30～300 m 时，径流量、泥沙量和硝态氮的模拟结果可靠、准确。Chaubey 等比较了 7 种 DEM 分辨率下的径流量、硝态氮和总磷负荷的变化，结果显示 DEM 分辨率越低，径流量和硝态氮的模拟值相比实测值越低，总磷负荷则相反。Geza、Mccray 讨论了两种精度的土壤数据库（STATSGO 和 SSURGO）对 HRUs 划分结果的影响，模型模拟结果显示后者在流域内的产汇流和泥沙负荷模拟精度上要优于前者。秦福来利用 SWAT 模型，借助 GIS 平台模拟分析了北京密云水库的面源污染特征，研究中通过对不同精度的 DEM 数据与基准 DEM 进行了坡度回归方程的拟合，从而克服了 DEM 精度对污染物负荷模拟精度的影响、任希岩等指出 DEM 分辨率大小对流域子流域划分个数不敏感，流域内的水沙运移及负荷量与坡度相关性大，因此在模拟产流和产沙过程时应先对坡度进行订正。

降水由于自身特性在空间分布上呈现不均匀性，因此降水数据的空间分布对模型的模拟精度有较大的影响。传统的气象监测站由于条件的限制,个数较少不能很好地反映降水的空间异质性,特别是在缺资料地区,遥感降水数据能较好地弥补数据的不足,同时自身也具备较高的空间变异性。目前,越来越多的学者开始探索遥感降水数据在模拟水文过程中的可行性。徐淑琴等以寒区的呼兰河流域为研究区,以实地地面雨量站数据为基准,评估了卫星降水数据 TRMM(the tropical measuring mission)在流域日流量过程模拟中的精度,结果显示该数据产品的日流量模拟效果较好,能补充缺资料地区的降雨数据。朱红雷等通过对比实测降水数据和 TRMM 降水产品在日尺度和月尺度上的径流模拟结果,模拟结果表明日时间尺度下的径流模拟精度略差于月时间尺度下的径流模拟精度,但两种情景下的模拟结果均符合模型适用性要求。Tobin 将遥感降水的 4 种产品依次运用在美国的 7 个流域,分别评价了月尺度和日尺度的径流量,径流模拟结果随时间尺度的变化而变化。Price 等在纽斯河流域利用 MPE(multisensor precipitation estimator)降水数据与实测数据对比模拟流域内径流过程,结果表明 MPE 降水数据的模拟效果要优于实测降水数据的模拟效果。Bitew 通过总结前人的研究成果,指出了遥感降水数据在水文模型径流的模拟中有巨大的潜力,且模拟精度能达到模型适用性指标,不同的遥感类型数据模拟精度不同。宁吉才等在西苕溪流域,利用 SWAT 模型的天气发生器补全缺失的降雨资料并模拟该流域的水文循环,径流模拟结果较好,同时指出空间变率较大的降水利用空间插值补全后,模拟效果较差。

1.4.3　SWAT 模型的改进研究

美国农业部最初开发的 SWAT 模型适用于温带气候区流域,模型内相关的产汇流方程,蒸发蒸腾方程系数都存在地域特性。随着模型在世界各大小流域的广泛应用,各国学者们根据流域实际情况,对模型进行了相关系数的修改,大大提高了模型针对不同目标和用途的适用性和可操作性。

White 等将模型应用在季风气候区流域过程中修改了模型的水平衡模块,将修改后的模型 SWAT-WB 和原模型 SWAT-CN 进行了对比分析,分析结果显示修改后的模型在两个流域内均达到了模型适用性指标。径流曲线(CN)法在温带气候区对洪水预报较为准确,但在季风气候区可能不适应。因此,对 SWAT 模型的水平衡模块进行了修改,并在两个流域比较了修改后的 SWAT 模型的模拟结果,Ethiopian 流域的 NSE 系数分别为 0.79 和 0.67,Catskills 流域 NSE 系数基本一致;Xie 等通过改进 SWAT 模型中水运动模块相关参数,将模型成功运用到南方水稻灌区,为后续灌区平原的面源污染模拟提供了依据和参考;Rathjens 等利用地形和土壤性质的流动分离指数对模型进行了修正,修正后的模型从半分布式转变为全分布式,能获取景观位置及空间特性,并同时计算获取地表径流、侧向补给和地下水的流动通量;郑捷等通过改进 SWAT 模型中蒸发蒸腾系数,模拟了山西汾河灌区的水文循环过程,评价了模型的适用性和精度;胡文慧等利用改进后的 SWAT 模型对灌区流域的面源污染进行了月尺度的模拟,为灌区的污染物运移提供了参考;Volk 等针对热带地区的气候特征对 SWAT 模型的植被生长模块进行了修改,修改后的模型在评价和估算作物产量时结果较为可靠。

1.4.4 SWAT 模型模拟结果的不确定性分析

SWAT 模型在流域内水文循环模拟过程中,先将流域内的地形、地貌特征进行概化处理,通过划分子流域和水文响应单元推理计算各子流域的产汇流和污染物输出负荷。模型的概化过程中造就了模型的不确定性,同时作为分布式水文模型,流域内降水、土地利用和土壤属性的空间异质性导致模型参数的复杂多样,在模型参数的率定过程中也存在较多的不确定性。这两种模型的不确定性直接影响着模型评价的精度,因此后续学者开始探究模型结构上的不确定性和参数率定过程中的不确定性对模型模拟结果精度的影响。

Arabi 等利用 GLUE(generalized likelihood uncertainty estimation)算法对 SWAT 模型参数进行了不确定分析,评估了不同点的最佳管理措施 BMPs 效率在参数空间上的差异性低于 10%。余红等在大宁河流域采用蒙特卡罗方法分析了流域水文过程和面源污染运移过程中的不确定性,结果表明面源污染的不确定性是呈现周期性变化的,忽略模型参数的不确定性会导致污染负荷量估算偏低。李占玲等通过比较 WASMOD 模型和 SWAT 模型的径流模拟过程发现,模型结构和参数的不确定性对径流模拟精度的影响远大于模型参数的单一影响。

1.4.5 存在的问题

从总结 SWAT 模型的研究历程和成果中可以看出,目前 SWAT 模型的研究热点主要集中在模型结构、参数的不确定性分析和流域内面源污染的模拟控制上,虽然模型应用非常广泛,但在实际应用过程中,由于不同地区流域存在其特有的自然气候、地域特征及人为活动因素等,模型的运用仍面临较多问题需进一步地解决和研究。

1.4.5.1 缺资料地区分布式水文模型应用需进一步加强

我国地域辽阔,许多地区及流域由于各种自然环境和社会条件的限制,区域内缺少详细的地形地貌特征数据,以及降水监测站及相应的泥沙污染物浓度数据,因此在研究该地区的水文生态环境时,就需要结合遥感数据来弥补资料的不足。目前,多数研究主要集中于静态的下垫面数据,根据各时段的土地利用及叶面积指数来模拟估算流域内径流量变化及面源污染负荷变化。虽然近些年开始有学者比较了动态的降水数据与实测降水数据对模型模拟精度的影响,但对像土壤含水率、蒸散发等动态遥感数据研究还较少。

1.4.5.2 流域内下垫面条件变化及优化需进一步深入研究

流域内下垫面条件除包括自然的植被覆被变化外,还应考虑大型人为活动地区,如灌区内的作物种植结构变化。以往的土地利用结构变化中,只单纯地将植被类型进行更改来模拟流域内水文过程的动态变化,评估土地利用结构的变化对流域内生态环境的影响大小,没有考虑土地利用空间格局的影响。特别是在大型的农业灌区,不同作物在空间上的种植比例直接影响着整个灌区内的径流量和污染物的输出负荷量。如何利用分布式水文模型模拟土地利用空间格局优化对流域内生态水文过程影响是后续研究的热点和难点。

1.4.5.3　人为活动剧烈地区分布式水文模型需逐渐提高其适用性

以 SWAT 模型为代表的分布式水文模型应用研究从自然流域开始转向农田小流域，基于模型物理机理探究农田小流域水文及养分循环过程。在农田小流域，由于人为活动剧烈，作物管理措施复杂，有些流域水文循环过程受灌溉排水的影响，因此模型在该地区的应用需进一步的改进，提高模型的适用性。受各地区不同地貌特征和气候特征的影响，模型的修改过程及方式也相对不一，在实际应用中困难较大，提高模型在该地貌流域的适用性是亟须解决的问题。

1.5　研究内容及技术路线

1.5.1　研究内容

(1)构建 SWAT 2009 模型的空间和属性数据库。空间数据库包括 DEM 数字高程模型、土地利用图、土壤图、灌域分布图、电子水系图，并将空间数据进行统一格式和投影的转换；属性数据库主要包括气象资料、径流资料、水质监测资料、灌区平原内的管理措施及污染物理化学属性，将所有的属性数据进行格式和单位的转换。

(2)基于 ArcSWAT 和 ArcGIS10.0 平台，提出修正系数法对数字高程模型(DEM)进行预处理，并根据行政区划图和灌域分布图对河套灌区流域进行子流域划分和子流域边界的确定。

(3)构建河套灌区流域的分布式水文 SWAT 模型。基于参数敏感性分析，对模型的径流、TN、TP 参数进行手动和自动率定。利用 R^2、NSE 和 PBIAS 评价指标对月尺度下的径流模拟结果和 TN、TP 的模拟结果进行适用性和可靠性评价。

(4)根据模型径流、TN、TP 模拟结果，对灌区内人为活动(灌溉水量、灌溉时间、施肥量)影响进行分析，评估全流域各径流量的贡献率，分析面源污染物的空间分布，并计算不同径流路径下污染物负荷的贡献，计算其贡献比。

(5)在模型模拟结果的基础上，采用应用广泛的 Dillon 模型估算了流域内乌梁素海的动态水环境容量；设定不同权重值进行环境容量的总量分配，并利用基尼系数法对其分配方案进行公平性评价，以及借助 SWAT 模型进行总量分配方案的可行性验证。

1.5.2　创新点

(1)针对平原-山区复合地貌的干旱半干旱农业灌区，通过修正系数法预处理 DEM，成功并合理地划分了其流域边界，构建了干旱半干旱地区的分布式水文模型。

(2)准确地模拟和评估了以灌溉-下渗-蒸发为主的灌区流域内水文循环过程和污染物运移流失特征。

(3)结合经济公平性评估的基尼系数评估了流域水环境容量分配公平性，并结合分布式水文模型验证了其分配结果的合理性。

1.5.3　技术路线

本书研究的技术路线如图 1-1-1 所示。

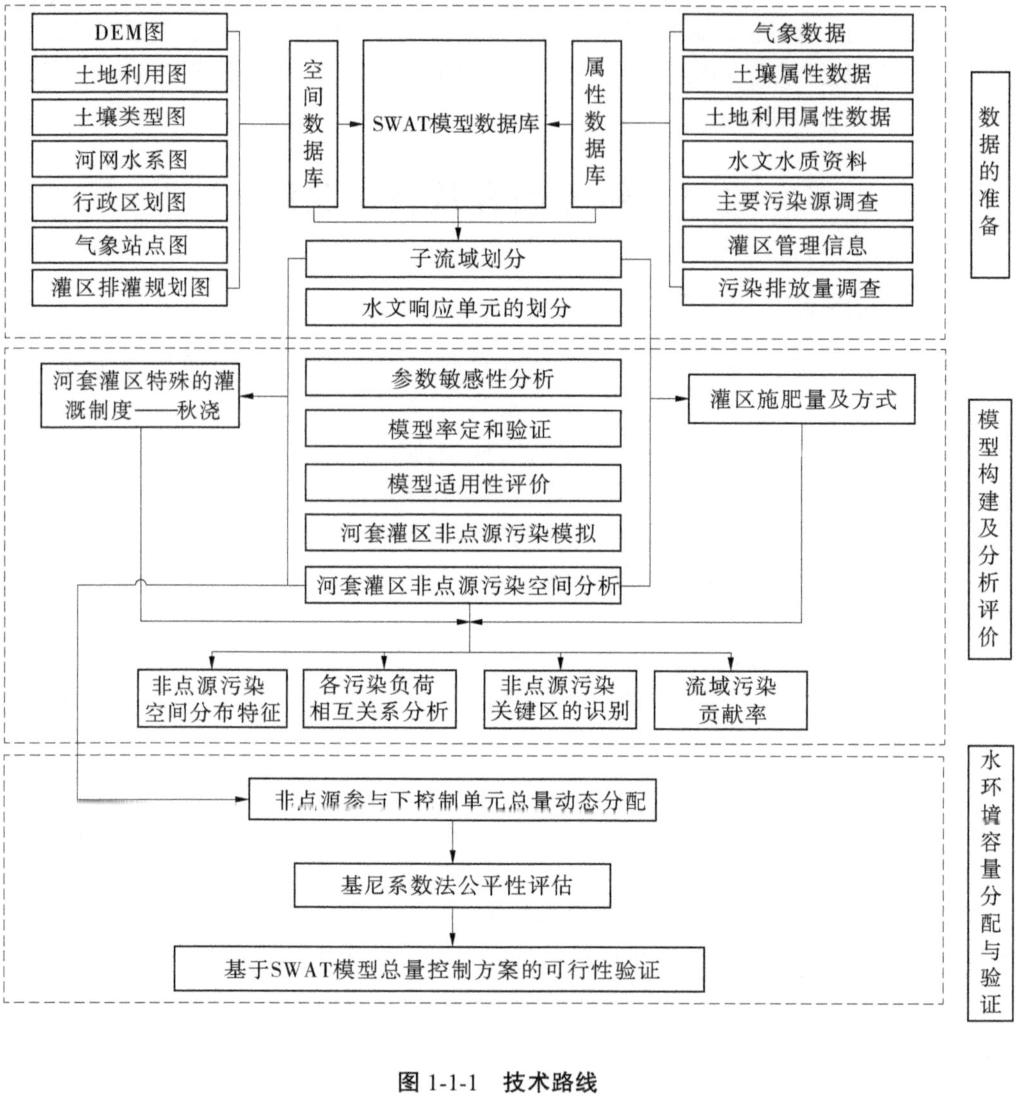

图 1-1-1　技术路线

2　研究区概况及研究方法

2.1　内蒙古河套灌区自然地理位置

内蒙古河套灌区是我国古三大灌区之一,位于 40°15′N~41°18′N、106°20′E~109°19′E,东西长约 250 km,南北宽约 50 km,总土地面积约 188.93 万 hm^2,现有灌溉面积 55.83 万 hm^2,具有悠久历史的同时,也是亚洲最大的一首制自流引水灌区。灌区位于黄河以北的冲洪积平原,北与阴山山脉的狼山相抵,东至乌拉山,南与黄河相邻,西与乌兰布和沙漠相接。灌区农产丰富,是国家重要的商品粮油基地,有“天下黄河,为富一套”的美称。

灌区由黄河三盛公水利枢纽控制引水,输配水水系由 1 条总干渠和 13 条干渠组成,其中总干渠长达 180 km;排水水系由 1 条总排干沟及 10 条干沟组成,其中总排干沟长 220 km,输配水渠与排水沟控制整个灌区的灌溉排水,形成一个网状的、有灌有排的一首制灌区,见附图 1。灌区以乌梁素海作为排水承泄区,湖泊水量主要来自上游的农田退水,其水质的好坏直接影响湖泊内的水质环境。河套灌区由 5 个灌域组成,自西向东分别是乌兰布和灌域、解放闸灌域、永济灌域、义长灌域和乌拉特灌域。大量的人工渠系和排干沟贯穿平原内部,每年的丰富的灌水补给使河套灌区成为干旱区人工灌溉的“绿洲”。

2.2　研究区气候及水文概况

2.2.1　区域气候条件

河套灌区属中温带大陆性季风气候,降水量少,蒸发量大,风沙强烈。年平均降水量 130~250 mm,最大降水量 432.6 mm;平均蒸发量高达 2 000~2 400 mm,湿润度 0.1~0.2;年平均风速 2.5~3.4 m/s,最大风速可高达 18~40 m/s。灌区内光照充足,热量丰富,无霜期短;区域内四季分明,年平均气温在 3.7~7.6 ℃,气温最低月为 1 月,气温最高月为 7 月,年极端高气温高达 38.2 ℃,极端低气温低至-41 ℃;年平均日照时数在 3 100~3 300 h,10 ℃以上积温 2 700~3 300 ℃,年平均无霜期为 120~150 d。灌区内的土壤封冻期长达 180 d,平均冻深 0.93 m,最大冻深 1.32 m。河套灌区地处西风带,强烈的春季季风是造成灌区蒸发的主要原因之一。灌域地下水以浅水为主,年均地下水埋深 1.52 m,埋深最大时月为每年 3 月(2.6~2.8 m),最小时月为每年 10 月(0.3~0.5 m)。

统计分析河套灌区流域内 4 个气象站点(临河、五原、乌拉特中旗、包头)自 2000~2013 年的降水量变化。如图 1-2-1 所示为 4 个气象站降水量的年际变化,降水量在不同年份之间变化幅度较大,丰水年和平水年降水量相差巨大。从降水量的年内变化看,降水主要集中在每年的 5~9 月,且各个站点降水量差异明显,从东部的包头站向西至临河站水量逐渐减少，如图 1-2-2 所示，说明降水量在流域内的时空分布差异显著。

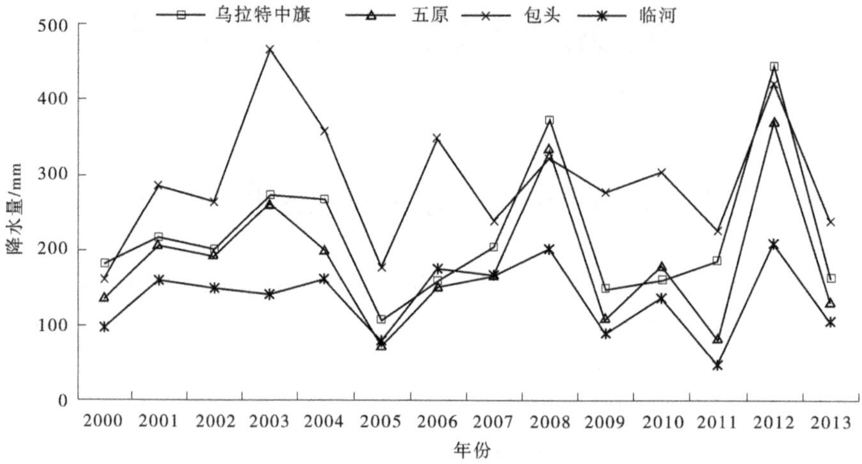

图 1-2-1　河套灌区流域年降水量变化

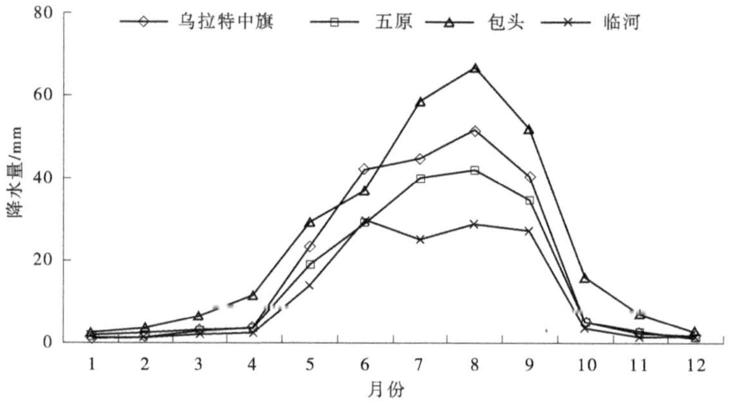

图 1-2-2　河套灌区流域降水量年内变化

通过分析临河、五原、乌拉特中旗和包头 4 个气象站气温的年际变化和年内变化，结果分别如图 1-2-3、图 1-2-4 所示。除了乌拉特中旗站，临河站、五原站和包头站的气温在年际变化空间分布上差异不明显，主要因为乌拉特中旗站在北部狼山上，气象站海拔相对较高，因此气温相比其他 3 个站偏低。在年内变化上 4 个气象站变化趋势一致，每年的 7 月是气温最高的时期，每年的 1 月是气温最低时期，最低气温低至−15 ℃。

由于资料的限制，在分析风速、日照时数和相对湿度时未考虑五原站。通过对比分析 3 个气象站（乌拉特中旗、包头和临河）的风速、日照时数和相对湿度的年际变化，如图 1-2-5～图 1-2-7 所示，日照时数和相对湿度 3 个气象站无明显差异，且变化幅度不大。3 个气象站风速有递减的趋势，其中临河站的风速在 2010 年发生了较大的变化，原因可能为气象站有更换或测风速位置有变换。

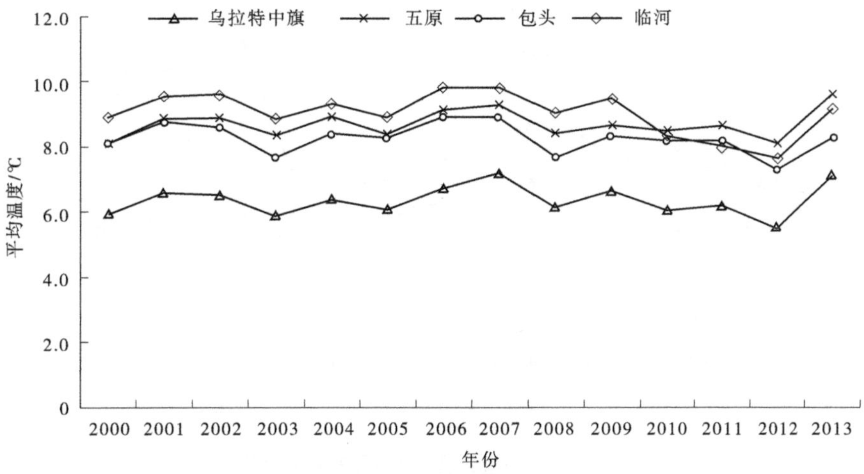

图 1-2-3　河套灌区流域气温年际变化

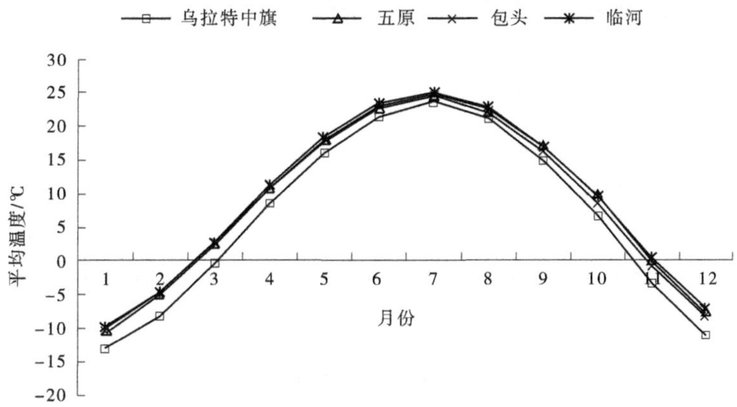

图 1-2-4　河套灌区流域气温年内变化

2.2.2　区域水文

引黄灌溉水、大气降水和地下水是内蒙古河套灌区的水资源主要组成部分。由于气候和地理条件的限制，灌区内降水稀少，灌区平原几乎没有地表径流形成。灌区内水文循环过程中主要的水资源是过境的黄河水，地下水的补给源也来源于引黄灌溉的渗漏水和山区的侧向补给水。

河套灌区内的农业生产活动，其水资源来源主要是过境的黄河水，黄河年平均过境水量大约是 300 亿 m^3。根据灌区 1980~2011 年的实测资料，多年引黄水量平均为 5.94×10^{10} m^3，其中净引水量约为 49.8×10^{10} m^3。河套灌区黄河冲积平原区的地下水资源主要依靠引黄灌溉的渗漏水，其次是山区的侧向补给水，包括两部分：一部分是大气降水，另一部分是平原区北部狼山和乌拉山的侧向径流补给。现状条件下地下水多年平均补给量为 1.98×10^{10} m^3。

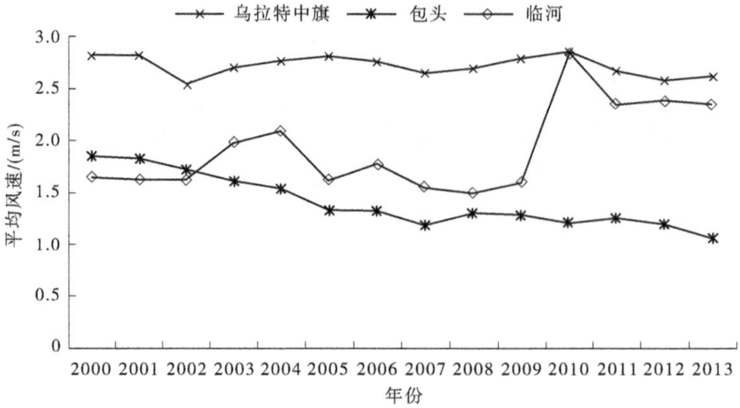

图 1-2-5　河套灌区流域风速年际变化

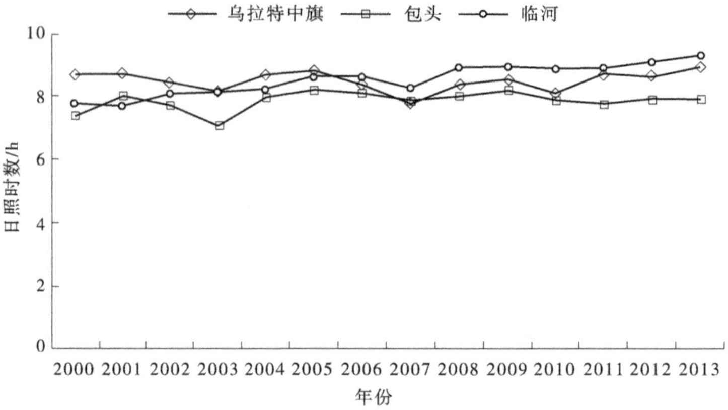

图 1-2-6　河套灌区流域日照时数年际变化

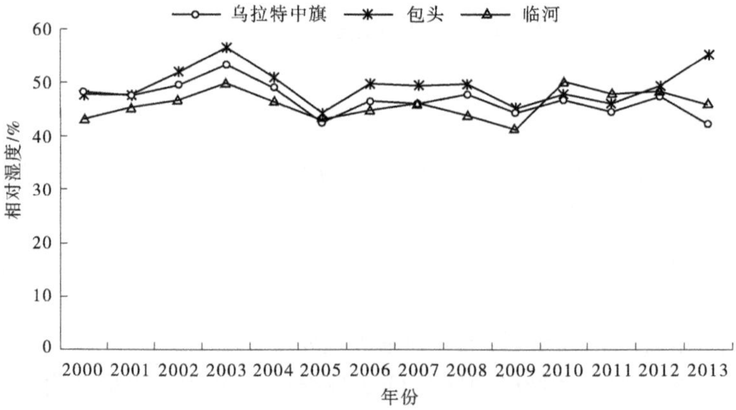

图 1-2-7　河套灌区流域相对湿度年际变化

2.2.2.1　黄河

河套黄河段是黄河纬度最高的一段，位于北纬 40°～41°，境内全长约为 340 km，每年 4 月中下旬到 5 月上旬，通过三盛公水利枢纽向灌区内引水灌溉进而从事农业活动，是本地区主要的灌溉水源。

2.2.2.2　总干渠和各支干渠

河套平原南部的总干渠是河套灌区供水的总干线，各支干渠均从总干渠引水，总干渠从西向东与包兰铁路平行而建，渠首位于三盛公黄河水利枢纽北岸，向东行至三湖河灌域的先锋闸，横跨 4 个旗(县)，全长 180 km。干渠的渠首设计流量为 565 m^3/s，现状过水能力为 450～510 m^3/s。全区灌溉农田面积约为 8.61×10^6 亩(1 亩 = 1/15 hm^2，全书同)，灌溉持续时间达 180 多 d，据数据统计，2013 年灌区引水量高达 47.16 亿 m^3。灌区内干渠 13 条，除一干渠由三盛公水利枢纽上游引水外，其余的 12 条干渠都从总干渠引水。

总干渠由于常年的大水量引水，加上干渠土质抗冲能力差，干渠内水流条件较为复杂，已属于非均匀流态，以至于总干渠主流线左右摆动，渠道极不规则，当地人戏称其为“二黄河”。

2.2.2.3　总排干沟和各排干沟

总排干沟西起张大圪旦，东至红圪卜扬水站，全长 220 km，是河套灌区灌溉退水和平原区北部狼山山洪水排泄的唯一通道。总排干沟水经红圪卜扬水站扬排入乌梁素海，近十年平均每年向乌梁素海排水 4.88×10^9 m^3。灌区有排水干沟 12 条，其中 9 条干沟排水汇入总干沟，2 条干沟直接排入乌梁素海，最后 1 条干沟位于乌梁素海南部乌毛计泄水闸下游，全长 24 km。乌毛计泄水闸最大泄水流量为 100 m^3/s。总排干沟和各支排干沟对降低灌区平原地下水位和排水、排盐均起到一定的积极作用。

2.2.2.4　乌梁素海

乌梁素海作为河套灌区平原唯一的受纳水体，是河套地区水利工程的重要组成部分，也是全地区鱼、芦苇的生产基地。海水水位 1 019.0 m 时，水域面积 290 km^2，库容 3.3×10^9 m^3，平均水深 1.09 m，最大水深 3.7 m，每年承受着 6 900 km^2 的农田退水。

2.2.2.5　其他地表水

灌区北部有狼山、乌拉山，全长 250 km，山麓地带有山洪沟 175 条，集水面积约 1.30×10^4 km^2，平均径流深 1.5～3 mm。汛期有暴雨洪水发生时，对灌区有一定的危害。

平原内有大小坑塘 332 处，平均水深 2～4 m 不等，主要分布在灌溉渠系的两侧低洼处。

2.3　水文地质条件

河套灌区地处干旱气候带，地质构造为封闭的断陷盆地，其具有明显的干旱气候带沉降盆地的水文地质特征。

2.3.1　第四纪地质结构

河套平原发育在侏罗纪晚期，其受东西向、北东向和北西向的 3 组断裂构造控制，明显影响着盆地的发展和第四纪沉积特征。灌区平原属于断陷盆地,盆地呈西深东浅、北深南浅的不对称坳陷。地下径流没有天然的排泄路径,是一个封闭的沉降盆地。由于地层盐分富集的发生时间受气候干湿变化的影响,自更新世以来,河套灌区有 3 个相对的积盐期。特殊的地质构造和区域气候条件是造成河套灌区盐渍化严重的一个主要因素。

2.3.2　水文地质条件

在地质构造特征上,河套平原为长期下沉的断陷盆地,沉积层主要是富含盐分的湖相沉积层,但在漫长的地质时期里,黄河的多次泛滥致使黄河冲积层覆盖在湖相沉积层上,造成了河套平原呈现湖相咸水层和冲积淡水层的复杂特性。便利的引黄灌溉条件和其特有的上覆淡水层,河套灌区的农业才得以建立和发展。但是河套灌区平原地势西南高东北低,灌溉退水及排水必须从西南流向东北然后折向东南入黄河。同时,由于地面坡降平缓,加之土壤颗粒细、灌区平原区域渗透性差。地势地貌特征上,灌区平原呈现西高东低的地势走向,地下水从西向东而行,但由于灌区东南部乌拉山的隆起切断了地下水的流通路径,使得地下水的流动受阻,致使河套平原的地下水排泄方式从水平方向转变为垂直方向,以垂直蒸发为主。灌区平原干旱少雨的气候条件,使得灌区土壤水的运动演变为以灌溉-入渗-蒸发为主的基本形式。

其特有的地质构造使得河套灌区地下水主要以浅层地下水为主,补给来源主要包括 4 个部分:引水渠道和排水沟的渗漏水、田间灌溉水的渗漏、大气降水和北部山洪的侧向补给。灌溉水量是影响浅层地下水变化的主要因素。河套灌区内作物生长期内的灌溉期从每年的 4 月持续到 9 月,期间的浅层地下水埋深 1.0~1.5 m,灌区秋浇期约在每年的 10 月或 11 月,大量的灌溉水使得浅层地下水的埋深约在 0.5 m。

灌区地下水水质按矿化度的大小可分为全淡型、上淡下咸型和全咸型三类。矿化度小于 3 g/L 的水质为全淡型,矿化度大于 3 g/L 的水质为全咸型。

(1)全淡型。以 HCO_3、Cl-Na、Mg 型水为主,主要分布在永济渠以西,陕五公路以南的广大地区,含水层厚度 60~200 m。

(2)上淡下咸型。以 HCO_3、Cl-Na 及 HCO_3-Na 型水为主。淡水层厚自东向西增厚,咸淡水界面由乌前旗北部的 10~30 m,向西增深为 50~110 m,主要分布在永济渠以东至乌前旗北部地区。

(3)全咸型。以 Cl-Na 型水为主。其主要分布在灌区南北两条咸水带内,南部咸水带主要分布在景阳林至西山嘴一带,北部咸水带西起大树湾,经份子地、梅林、红旗到广益站。

由于灌区内土壤水运动的主要方式是灌溉水入渗、蒸发、蒸腾,在潜水蒸发过程中,盐分不断积累使得河套平原土壤盐渍化越来越凸显。

2.4　土壤及植被

河套灌区位于黄河北岸,土壤母质以黄河冲积物为主,灌区平原内广泛分布着栗钙土、棕钙土、灰漠土、灰棕漠土,其中北部山区主要以灰褐土为主。灌区平原内的土壤主要分为两类:一类是由气候条件和生物作用为主导的地带性土壤,如西部沙漠区的灰漠土和风沙土,以及以山区的粗骨土为主的土壤;另一类是以人为活动灌溉措施等因素为主导的非地带性土壤,如灌淤土。灌区平原土壤共分 14 个土类 32 个亚类 94 个土属 348 个土种。

河套灌区主要分布在巴彦淖尔市内,依据巴彦淖尔市土壤普查化验结果,其土壤养分状态为土壤有机质含量偏低,有机质含量大于 20 g/kg 的土壤比例只占全区土壤的 10%左右,土壤有机质含量小于 10 g/kg 的土壤比例占全区土壤的 50%,有机质含量平均为 11.5 g/kg;全氮的平均含量为 0.75 g/kg;有效磷的平均含量为 8.8 mg/kg;土壤的速效钾含量平均为 207 mg/kg。参照全国土壤普查技术规程中土壤养分含量分级标准,巴彦淖尔市全市土壤有机质在四级以上的仅占 19%左右;全氮五级以下的占 71%,全氮四级以上的占 19%,磷占 26%,速效磷占 51%。总体来看,氮、磷含量偏低,氮速效钾含量较丰富。

2.5　经济社会概况

河套灌区覆盖巴彦淖尔市的临河、五原、磴口、前旗和杭后 5 个区(县、旗)。灌区人口以农业户籍人口为主,且近些年人口数量增长较快。2013 年,灌区总人口数为 152.9 万人,其中农业户籍人口 109.2 万人(《巴彦淖尔布统计年鉴》)。灌区的农牧业是整个巴彦淖尔市经济增长的基础和支撑。其中,灌区的农业主要以种植粮食和经济作物为主,粮食作物包括小麦、玉米和油葵,种植比例高达灌区总种植面积的 70%左右,经济作物主要包括瓜果、甜菜和马铃薯以及饲用作物的苜蓿等。灌区的牧业靠养殖大牲畜为主,据 2013 年统计年资料,灌区内大牲畜(马、牛等)共计 20.48 万头,还包括羊 507.01 万只,猪 43.54 万头。伴随着社会的发展、交通运输能力的提升,灌区的对外贸易能力得到了极大的提高,灌区的农牧业迅猛发展,以 2013 年经济指标计算,巴盟河套灌区全年的 GDP 总值高达 644.77 亿元(《内蒙古统计年鉴:2013》)。与此同时,灌区不断地对生态环境进行治理和规划,旅游行业也逐步兴起,大大提高了灌区的社会影响力。

2.6　流域生态环境状况

2.6.1　河套灌区与乌梁素海的补排水关系

乌梁素海位于河套灌区东北部的黄河古河道上,地势低洼,加之灌区平原地势西南高东北低,因此乌梁素海是灌区内的农田退水、地下水及降水和山洪的主要承泄区;而乌梁素海的主要排泄方式主要是乌毛计泄水、渗漏和蒸发蒸腾。其南部乌毛计泄水口有水闸进行泄水量的控制,主要目的是维持乌梁素海总水量,控制并保证湖水水面高程稳定在 1 018.5 m 左右。

乌梁素海的补给水源主要来自三方面,分别是灌区农田退水、自然及北部山区的侧向补给。目前,湖泊接受来自农业灌区 6 900 km^2 农田灌溉退水,废水补给水进入湖泊水体后通过其自身的自净作用再由南段的乌毛计泄水渠排入黄河,每年以平均 20 m^3/s 的流量向黄河排水，年补给水量约在 2×10^8 m^3。乌梁素海既是河套灌区排水系统中的受纳水体，同时也是灌区流域内污染物的积累区。乌梁素海的水质变化是整个灌区流域生态系统的健康指标。

2.6.2 乌梁素海水体变化及现状

乌梁素海位于干旱半干旱草原上，它的湿地生态作用非常明显。20 世纪 60 年代以前，乌梁素海的水源主要来源于灌溉黄河水、降雨及山洪水，这部分水污染较小，含盐量较低，这时期的湖泊水质非常好。20 世纪 60 年代以后，灌区内开始修建农田灌水、排水工程，加之上游三盛公水利枢纽工程的建成，使得乌梁素海的补给水源从原来的灌溉黄河水演变为农田退水。由于灌区常年的农事活动，大量化肥和农药的使用造成平原内土壤中农药化学残留量巨大，大量的灌溉水挟带高浓度污染物经总排干排入乌梁素海，长期接受高浓度污染物，其负荷已超过湖泊的自净能力，造成湖泊水质逐年恶化。湖泊水质变化最明显的两个指标是矿化度和 pH。矿化度由 20 世纪 50 年代的 0.8 g/L 一度上升高达 3.5 g/L。从 20 世纪 80 年代起，地方管理部门为了维持乌梁素海湖泊水位，每年会从黄河单独引水补给乌梁素海，大量的淡水补给使得近年来湖泊水体的矿化度下降并维持在 1.8 g/L。pH 由 20 世纪 50 年代中性水体 7.9 上升至目前的 9.0 左右。除含盐量和 pH 有较大变化外，湖泊水体的营养盐含量也严重超标。氮磷等营养盐的增加使得湖泊水体内的水生物迅速增长，水生植物的年生产量已高达 25 万 t 以上，湖泊内芦苇面积也超过了湖泊面积的 1/2，致使乌梁素海成为沼泽化最快的湖泊之一。

据相关数据统计，近 20 年来，灌区每年的化肥使用量从 7×10^4 t 上升到 43.8×10^4 t，已经翻了 6 倍左右。大量的化肥使用，加之其利用率的低下致使大量残留在土壤中的化肥随地表及地下水流进入乌梁素海。据红圪卜扬水站水质监测数据显示，入湖水体中 TN 的平均浓度为 1.74 mg/L，TP 的平均浓度为 0.07 mg/L，该浓度监测值已超过国际上评价水体富营养化水平标准值的 8 倍与 3.5 倍，乌梁素海水质总体为劣Ⅴ类。与《地表水环境质量标准》(GB 3838—2002)Ⅳ类水质的标准进行对比计算，湖泊水体生化需氧量 BOD 超标率达 94 %，化学需氧量 COD 超标率达 89 %，总氮超标率为 56 %，高锰酸盐指数超标率为 44 %，总磷超标率为 22 %，氨氮超标率为 6 %。

乌梁素海是我国北方少数位于干旱和半干旱气候区的浅水型湖泊，是全球同纬度上最大的草原型湖泊。湖泊湿地内承载着丰富且珍奇的鸟类资源，是候鸟迁徙的主要场所，湖泊湿地在维持生物多样性和流域地区的生态平衡方面起着巨大的作用。

2.7 研究方法与数据采集

2.7.1 模型属性数据

分布式水文模型(SWAT 模型)在构建过程中，除需要 DEM、土地利用和土壤图等空间数据外，同时还需要气象、土壤物理化学、径流量、水体污染物浓度等属性数据。其中，土壤物理化学属性数据和水体污染物的浓度需要实地监测及室内实验室测定。

2.7.1.1　土壤属性数据

本书中采用的土壤图是中国科学院南京土壤研究所 1∶100 万的数据,该数据自带土壤的部分属性,但属性值不够全面,因此需要对研究区主要土壤属性值进行采样和实验室测定。测定指标包括土壤物理指标(土壤深度、土壤含水率、土壤粒径)及土壤化学指标(有机质和氮、磷含量),从而保证了模型初始运行的准确性。根据中国土壤 1∶100 万的土壤图,把研究区土壤进行大致分类,共分为 16 大类。在研究区主要区域内分别设置采样点进行采样。采样点布设如附图 2 所示。

2.7.1.2　径流量及水体氮磷浓度

径流量数据是收集红圪卜水文站的数据。水体中氮、磷的浓度数据是依托课题组在红圪卜扬水站设定的试验站进行月尺度下的取样检测。每周取水样 1 次,每次 1 L 水,在灌区灌溉排水期或施肥期,加密取样次数为每周 2 次。

2.7.2　室内试验测定

2.7.2.1　土壤样品的测定

土壤样品测定主要包括土壤物理指标和化学指标两类。其中,物理指标主要包括土壤含水率、饱和含水率、饱和导水率、土壤粒径、土壤 pH 和电导率;化学指标包括土壤有机质、全氮、全磷、速效磷、钾、氨氮和硝态氮等指标。

物理指标具体如下:

(1)土壤含水率采用烘干法测定,土壤含水率 $=\omega_{烘干前}-\omega_{烘干后}$。

(2)饱和含水率采用环刀法测定,具体步骤为:将取好的土壤环刀放入与环刀口齐平的水中,浸泡 12 h 后将环刀取出放置漏斗上,上部接通马氏瓶,漏斗下放置烧杯,待马氏瓶中的通气管第一次冒泡时开始计时,每隔 3 min 测量漏斗中的水量,直到单位时间内渗出水量相等。根据不同类型的土壤,试验一般在 30 min 到 1 h 即开始稳定,并用温度计记录水温,计算饱和含水率。

(3)土壤颗粒测定采用 HELOS-OASIS 型激光粒度仪进行分析,具体步骤为:称取一定质量的土样,将土样过 1 mm 和 0.5 mm 的粒径筛,分别记录各筛上土样的重量和筛下土的重量以及 0.5 mm 以下的土壤重量,进而计算各粒径范围的土壤质量百分比。

(4)电导率测定采用 DDSJ-308A 型电导率仪,参考 ISO 11265—1994。

化学指标具体如下:

(1)土壤总有机质测定采用重铬酸钾-硫酸溶液氧化外加热的方法,参考《土壤有机质测定法》(NY/T 85—1988),样品每次 2 次重复。

(2)土壤全磷测定采用硝酸-硫酸消解法,利用微波消解仪和紫外可见分光光度测量其含量,计算方法参照《水质　总磷的测定　钼酸铵分光光度法》(GB 11893—1989),试验每批样做 2 次重复。

(3)土壤全氮测定采用凯氏定氮仪参照《土壤全氮测定法(半微量开氏法)》(NY/T 53—1987),每组 2 次重复进行参照。土壤氨态氮测定采用 2 mol/L 氯化钾浸提-靛酚蓝比色法,每批样品做 2 次重复。

(4)土壤全钾测定采用原子吸收分光光度法,参考《土壤全钾测定法》(NY/T 87—

1988)，每批样品做2次重复。

2.7.2.2 排干水质及湖泊水质的测定

总排干末端红圪卜扬水站是整个河套平原灌区的总泄水口，文中的实测数据来源于每月的采样数据，由于当地试验条件的限制，水质的采样一般在每年的4~11月及次年的1月进行，约8个月的数据。采集的水样在实验室进行总氮(TN)、总磷(TP)、硝态氮(NO_3-N)、亚硝态氮(NO_2-N)等指标的测定。测定方法均采用国家标准进行。

(1)总氮测定采用碱性过硫酸钾-紫外分光光度计法，参照《水质 总氮的测定 碱性过硫酸钾消解紫外分光光度法》(HJ 636—2012)，每组试验设置一组平行进行对照。

(2)总磷测定采用钼酸铵分光光度计法，参照《水质 总磷的测定 钼酸铵分光光度法》(GB 11893—1989)，每组试验设置一组平行进行对照。

(3)硝态氮和亚硝态氮采用离子色谱法进行测定，室内试验仪器为赛默飞世尔Dionex Aquion离子色谱系统。

水质指标实验室测定见图1-2-8。

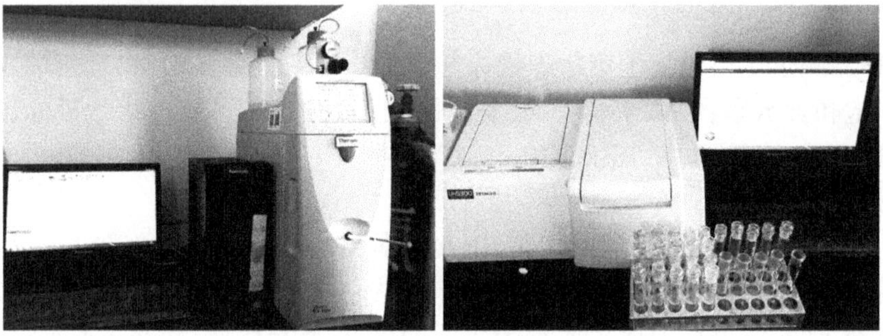

图1-2-8 水质指标实验室测定

表1-2-1列出了模型构建中需要的气象、土地、土壤等空间数据，以及径流量、污染物浓度、土壤物理化学属性数据。

表1-2-1 数据列表

数据类型	数据名称	数据明细	分析方法	数据序列长度
空间数据	DEM高程数据		GIS平台	90 m分辨率
	内蒙古土地利用数据		ArcGIS重分类	1:10万
	全国土壤类型图		ArcGIS重分类	1:100万
	气象数据	降水、气温、湿度、日照时数等	统一格式及生成天气发生器	1990~2013年 8个气象站点
属性数据	土壤属性	含水率、粒径、水力传导度等	室内实验室测定	2012年实验室测定
		土层深度	野外试验测量	2012年实地
	农田管理措施	作物种植结构、灌溉、施肥等	灌区管理资料收集及实地调查	2007~2011年收集及2012年实地
	水文数据	入湖、出湖径流量	水文站及径流出口实测	2003~2013年
	污染物数据	总氮、总磷浓度	国家标准实验室测定	2006~2013年

3 SWAT 模型在河套灌区流域的构建

3.1 SWAT 模型概述

SWAT 模型是具有物理机理的流域分布式水文模型,它能够利用 GIS 和 RS 提供的空间数据信息,模拟流域中包括水、沙、化学物质和杀虫剂的输移和转化过程等多种不同的水文物理过程;其主要应用的领域有流域的径流模拟、土地利用与覆被变化的水文效应、气候变化的水文效应、面源污染研究、管理措施的情景分析以及水土保持研究等。

SWAT 模型在前期数据准备阶段,主要包含 3 类数据的整理,即气象数据、土地利用空间数据及土壤空间数据的准备。气象数据包括逐日降水量、最高气温与最低气温、相对湿度、日照时数、风速等;土地利用的空间数据主要是地区内植被、水体、建筑物的空间属性的重分类;土壤空间数据主要是重分类土壤类型,输入和完善各类土壤及土层的物理化学属性。

模型的流域水文过程模拟首先是利用数字高程 DEM 数据进行坡度、子流域和水文单元的划分,然后调用不同的子模块进行水文循环、泥沙运移、污染物迁移转化等过程模拟。水文循环过程中主要分为两部分:一部分是陆面水文的产汇流过程,另一部分是河道内水流演算过程。陆面水文的产汇流依据 USDA 开发的 SCS 径流曲线数进行估算,河道水流的演进采用马斯京根法。流域内的渗透水、土壤水的运移分别采用的是存储演算方法和动力蓄水水库模型进行计算。流域出口输出值则根据子流域和水文响应单元 HRUs 的产水产沙量和营养盐的输出量,联合河网上下游之间的水力联系计算河道出口处的水流及污染物运移量。该过程中伴有泥沙的侵蚀和污染物的迁移,模型中依据修正后的土壤流失方程 MUSLE 计算泥沙的侵蚀,污染物则采用 QUAL2E 模型进行模拟计算河道中污染物的运移、转换。模型在计算流域内的产水产沙量及营养盐的输出时,依据分配在各子流域上的气象、水文数据、下垫面土地利用条件、土壤水分及物理化学属性数据进行估算。模型不仅能模拟天然流域内的水文过程及污染物运移,还能针对人为活动剧烈的地区,下垫面以农田为主的流域,通过概化流域内农业管理措施,如作物种植和收割时间、灌溉水的灌水量和时间以及施肥量和时间等,设定不同的情景分析来评估人为活动对流域径流及污染物负荷的影响。

在 SWAT 模型运行的整个过程中,主要参与计算的模块有 3 个,即水文过程子模块、土壤侵蚀子模块和污染负荷子模块。SWAT 模型的模拟演算过程涵盖了降水(降雨、降雪)、蒸散发(土壤、植被、水面等)、地表径流、壤中流、地下径流以及河道汇流等过程。SWAT 模型结构如图 1-3-1 所示。

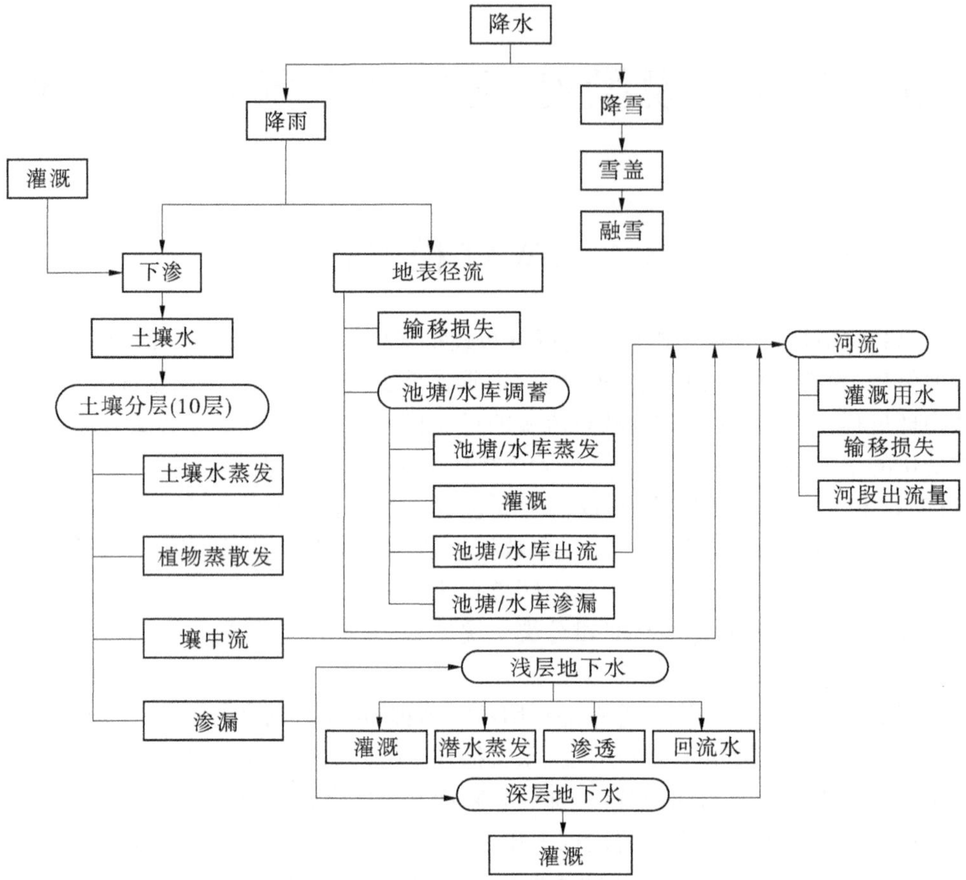

图 1-3-1　SWAT 模型结构

3.1.1　水文子模型

3.1.1.1　**产流阶段**

SWAT 模型的水循环物理过程基于水量平衡方程,水文过程包括冠层截流、土壤水的下渗与蒸散发、地表径流、壤中流和地下水的入渗和补给。水量平衡方程如下：

$$\mathrm{SW}_t = \mathrm{SW}_0 + \sum_{i=1}^{t} (R_{\mathrm{day}} - Q_{\mathrm{surf}} - E_{\mathrm{a}} - w_{\mathrm{seep}} - Q_{\mathrm{gw}}) \tag{1-3-1}$$

式中：SW_t 为降雨后第 t 天的土壤含水率；SW_0 为土壤的初始含水率；t 为时间,d；R_{day} 为第 i 天的降水量；Q_{surf} 为第 i 天的地表径流量；E_{a} 为第 i 天的蒸发量；w_{seep} 为第 i 天的下渗量；Q_{gw} 为第 i 天的地下径流量。

1. 地表径流

地表径流作为泥沙和污染物运移的主要载体,模型在模拟每个水文响应单元的地表径流量和洪峰流量时,分别采用 SCS 径流计算方法和推理进行计算。SCS 径流计算方法是美国农业部土壤保持局通过 3 个前提假设,提出的计算降雨-径流关系的数值方法。该方法主要通过引入无量纲参数 CN 值(径流曲线数)来反映降水前流域的特征。其值的变化范围为 1~100,主要与土壤前期的水文条件(湿度)、土壤类型、土地利用状况及坡度等因素有关。因此,SCS 模型可以反映土壤类型、土地利用方式、前期土壤含水率对降雨-径流的综合影响。

模型 3 个前提假设如下:假设计算径流量时流域内土壤最大滞留量 S 存在;后损 F 与 S 的比值等于径流量 Q 与$(P-I_a)$(降雨量与初损差值)的比值;I_a 和 S 之间的关系为线性关系。依据 SCS 曲线降雨-径流基本关系,其表达式如下:

$$\frac{F}{S}=\frac{Q}{P-I_a} \tag{1-3-2}$$

式中:P 为降水总量,mm;Q 为地表径流量,mm;I_a 为降雨损失,mm;F 为后损,mm,即地表径流产生后的降雨损失;S 为土壤最大滞留量,mm。

初损和最大滞留量的线性关系如下:

$$I_a=0.2S \tag{1-3-3}$$

水量平衡方程关系如下:

$$P=I_a+F+Q \tag{1-3-4}$$

得到产流计算方程:

$$Q=\frac{(P-0.2S)^2}{P+0.8S}\quad (P\geqslant 0.2S) \tag{1-3-5}$$

$$Q=0\quad (P<0.2S) \tag{1-3-6}$$

式中:S 为土壤最大滞留量,通过 CN 值来进行确定,其关系表达式如下:

$$S=\frac{25\,400}{\mathrm{CN}}-254 \tag{1-3-7}$$

从关系表达式中可以看出,CN 值与土壤最大滞留量 S 呈反比例关系,即 CN 值越大,S 越小,对应的则越容易产生地表径流;反之亦然。

如何确定 CN 值,SWAT2009 理论手册里提供了详细的计算方法,本书不再赘述。需要特别指出的是,模型对 CN 值划有 3 个等级,用以反映土壤水分对 CN 值的影响,分别是干旱条件 AMCI 和湿润条件下 AMCIII 相应的 CN_1 值和 CN_3 值。计算公式如下:

$$\mathrm{CN}_1=\mathrm{CN}_2-\frac{20\times(100-\mathrm{CN}_2)}{100-\mathrm{CN}_2+\exp[2.533-0.063\,6\times(100-\mathrm{CN}_2)]} \tag{1-3-8}$$

$$\mathrm{CN}_3=\mathrm{CN}_2\cdot\exp 0.063\,6\times(100-\mathrm{CN}_2) \tag{1-3-9}$$

SCS 曲线数是一个成熟的经验模型,其优点是在缺资料地区也可获得较为准确的日尺度的地表径流量和下渗量。

2. 蒸散发

水量平衡方程中蒸散发的计算,模型中主要有 3 种方法:Penman-Monteith 方程、Priestley-Taylor 方法和 Hargreaves 方法。在计算实际蒸发量时首先根据这 3 种方法确定参考作物的腾发量。文中采用 Penman-Monteith 方程进行模拟计算。

3. 土壤水

在用 SCS 曲线法估算径流时,模型计算土壤水的下渗量是直接用降水量减去地表产流量来进行计算的。如土壤水达到饱和形成壤中流,则计算公式如下:

$$Q_{lat} = 0.024 \times \left(\frac{2 \times SW_{ly,excess} \cdot K_{sat} \cdot s_{lp}}{\varphi_d \cdot L_{hill}}\right) \tag{1-3-10}$$

式中：Q_{lat} 为壤中流，mm；$SW_{ly,excess}$ 为土壤水在饱和区的流出量，mm；K_{sat} 为土壤饱和传导率，mm/h；s_{lp} 为坡度；φ_d 为土壤空隙度；L_{hill} 为坡长，m。

4. 地下水

地下水径流又称基流，其在模型中的计算公式如下：

$$Q_{gw,i} = Q_{gw,i-1} \cdot \exp(-\alpha_{gw} \cdot \Delta t) + w_{rchrg,i} \cdot [1 - \exp(-\alpha_{gw} \cdot \Delta t)] \tag{1-3-11}$$

式中：$Q_{gw,i}$ 为第 i 天地下水补给量，mm；$Q_{gw,i-1}$ 为第 $i-1$ 天地下水补给量，mm；α_{gw} 为地下水径流退水系数；Δt 为天数；$w_{rchrg,i}$ 为第 i 天进入浅层含水层的补给量，mm。

3.1.1.2 汇流阶段

SWAT 模型中提供两种河道汇流方式，即变动存储系数模型和 Muskingum 模型。Muskingum 模型用途相对较广，本书汇流阶段的计算采用 Muskingum 模型。其计算公式如下：

$$Q_{out,2} = C_1 Q_{in,2} + C_2 Q_{in,1} + C_3 Q_{out,1} \tag{1-3-12}$$

式中：$C_1 = \dfrac{\Delta t - 2KX}{2K(1-X) + \Delta t}$；$C_2 = \dfrac{\Delta t + 2KX}{2K(1-X) + \Delta t}$；$C_3 = \dfrac{2K(1-X) - \Delta t}{2K(1-X) + \Delta t}$；$C_1$、$C_2$、$C_3$ 为马斯京根模型系数；K 为时间因次常数；X 为流量比重因子；Δt 为时间步长。

3.1.2 土壤侵蚀子模型

泥沙的侵蚀常常伴有污染物的运移，泥沙作为一部分污染物运移的载体，其侵蚀量的准确估算是计算污染物运移量的基础。SWAT 模型采用修正的通用土壤流失方程（MULSE）计算土壤在降水和径流过程中的侵蚀量。该方程是在土壤流失方程 MUSLE 的基础上改进得来的，主要改进方面为场次暴雨方面的模拟预测，模型利用径流因子替换掉泥沙输出系数，从而提高了方程在泥沙产量计算和预测方面的准确性。

MUSLE 计算方程的表达式如下：

$$m_{sed} = 11.8 \times (Q_{surf} \times q_{peak} \times A_{hru})^{0.56} \times K_{USLE} \times C_{USLE} \times P_{USLE} \times LS_{USLE} \times CFRG \tag{1-3-13}$$

式中：m_{sed} 为土壤侵蚀量，t；Q_{surf} 为单位面积上地表径流的产生量，mmH_2O/hm^2；q_{peak} 为径流过程中的流量峰值，m^3/s；A_{hru} 为土壤侵蚀发生的水文响应单元的面积，hm^2；K_{USLE} 为侵蚀性因子；C_{USLE} 为流域内植被覆盖和管理因子；P_{USLE} 为流域内水土保持防治措管理施因子；LS_{USLE} 为地形因子；CFRG 为土壤糙度因子。

3.1.3 营养盐迁移子模型

SWAT 模型可以模拟追踪营养物质的整个迁移转化过程。氮磷的循环包括 4 相系统中的迁移转化，分别是水相、土相、气相和生物体。当前，流域中氮磷的主要来源是化肥的施用，化肥中氮磷通过地球化学和生物理化作用在流域系统中进行迁移和转化。氮的循环比磷要复杂得多，其赋存形态主要包括硝酸盐氮（NO_3-N）、亚硝酸盐氮（NO_2-N）和氨氮（NH_3-N），这是由氮元素的化合价所决定的，磷素则相对稳定。从两者的形态上可以分为溶解态和颗粒态两种。溶解态氮和磷主要通过地表径流、地下水和壤中流中的浓度进行估算,颗粒态则依据泥沙负荷进行估算。氮和磷的循环过程机理过程如图 1-3-2 和图 1-3-3 所示。

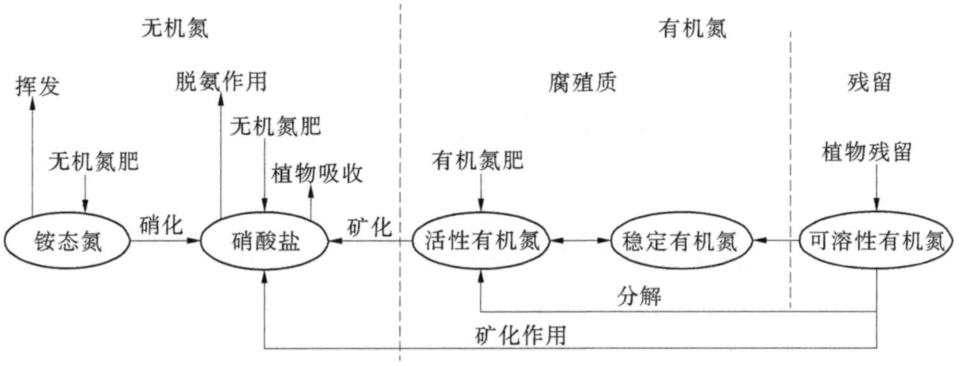

图 1-3-2　SWAT 模型氮循环过程机理

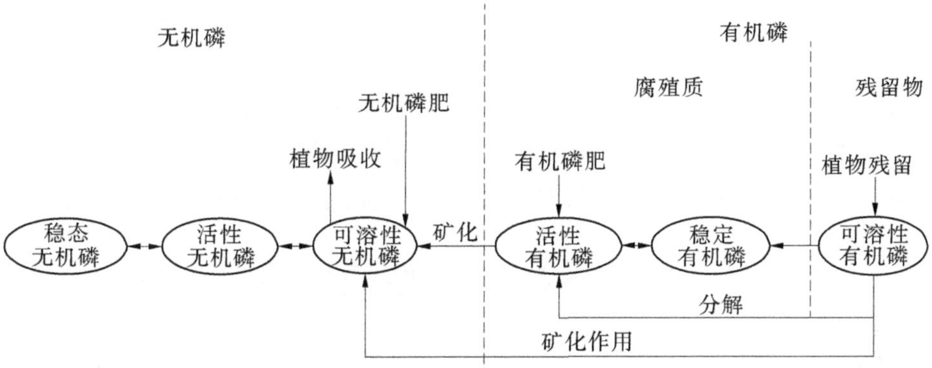

图 1-3-3　SWAT 模型磷循环过程机理

3.1.3.1　溶解态氮运移方程

以 NO_3-N 为例,模型中地表径流中 NO_3-N 含量的估算与地表径流量和平均浓度有关,相关方程如下:

$$W(NO_3^-) = \frac{W(NO_3^-)_{ly}\exp\left[\frac{-Q}{(1-\theta_e)SAT_{ly}}\right]}{Q} \tag{1-3-14}$$

式中:$W(NO_3^-)$为地表径流中 NO_3-N 的含量,kg/hm^2;$W(NO_3^-)_{ly}$ 为表层土壤中的 NO_3-N 含量,kg/hm^2;Q 为地表径流量,mm;θ_e 为土壤中被排斥的阴离子孔隙比;SAT_{ly} 为土壤饱和含水量(%)。

3.1.3.2　颗粒态氮输移模型

氮的流失除了以 NO_3-N 形式为主的溶解态,还包括随泥沙运移的颗粒态氮的流失。模型中主要以 orgN 作为颗粒态 N 指标,其计算方程根据改进的荷载函数,利用土层中原始有机氮浓度、泥沙沉积量和氮的富集率进行估算。

$$\mathrm{org}N = 0.078\,\frac{\mathrm{org}N_{\mathrm{ly}} s}{\rho_{\mathrm{b}} dA}\left(\frac{s}{10AQ}\right)^{-0.2648} \tag{1-3-15}$$

式中：$\mathrm{org}N$ 为地表径流中有机氮的运移量，kg/hm²；$\mathrm{org}N_{\mathrm{ly}}$ 为土层中初始有机氮含量，kg/hm²；ρ_{b} 为土壤表层密度，mg/m³；d 为土表层深度，mm；s 为泥沙流失量；t，A 为泥沙侵蚀的面积，hm²；Q 为地表径流量，mm。

3.1.3.3 可溶性磷

可溶性磷在径流流失中流失量的计算公式如下：

$$P_{\mathrm{surf}} = \frac{P_{\mathrm{ly}} \cdot Q}{\rho_{\mathrm{b}} \cdot d \cdot k} \tag{1-3-16}$$

式中：P_{surf} 为地表径流中磷的流失量，kg/hm²；P_{ly} 为土表层中可溶性磷的初始含量，kg/hm²；Q 为地表径流量，mm；ρ_{b} 为土壤表层密度，mg/m³；d 为土壤表层深度，mm；k 为溶解态磷的分离系数，m³/mg。

3.1.3.4 颗粒态磷

颗粒态磷计算方法与颗粒态氮类似，方程如下所示：

$$s(P) = 0.078\,\frac{(\mathrm{min}P_{\mathrm{ly}} + \mathrm{org}P_{\mathrm{ly}}) \cdot s}{\rho_{\mathrm{b}} dA}\left(\frac{s}{10 \cdot A \cdot Q}\right)^{-0.2648} \tag{1-3-17}$$

式中：$s(P)$ 为地表径流中颗粒态磷的含量，kg/hm²；$\mathrm{min}P_{\mathrm{ly}}$ 为土壤表层矿物质磷含量，kg/hm²；$\mathrm{org}P_{\mathrm{ly}}$ 为土壤表层中有机磷的含量，kg/hm²；ρ_{b} 为土壤密度，mg/m³；d 为土壤表层深度，mm；s 为泥沙流失量，t；A 为泥沙流失面积，hm²；Q 为地表径流量，mm。

3.2 SWAT 模型的构建

SWAT 模型是具有物理机理的分布式水文模型，因此在模型的构建运行初期，需要大量的空间数据和属性数据做支撑。数据的准备阶段主要任务包括数据格式与 SWAT 模型格式相匹配、空间数据的投影系统要一致、数据单位要统一等。

3.2.1 投影坐标

模型中，三类空间数据由于来源的不同，各自都有其自有的初始投影系统。在 SWAT 模型流域子流域和水文响应单位划分过程中，要求所有空间数据须具有相同的地理坐标投影系统，在 GIS 平台中才能进行空间数据的叠加分析和计算。考虑到研究内容中相应的计算与面积有联系，因此本书采用的是 Albers 等积投影，保证空间数据在投影变换过程中，面积变化尽可能得小。其投影参数的变化如表 1-3-1 所示。

表 1-3-1 投影参数

第一标准纬线	第二标准纬线	中央经度	参考椭球体	单位	地理坐标系
25°00′00″N	47°00′00″N	111°00′00″E	Krasovsky	m	1954 北京坐标系

3.2.2 数据库构建

3.2.2.1 DEM 及灌排系统图

本书所用的 DEM 数据采用的是 SRTM 数据。该数据是多国联合进行的航天飞机雷达地形测量任务的成果,数据雷达影像是目前为止适用性最好且覆盖最全的全球性数字地形数据。该数据存在两种精度版本,一个是 SRTM-1,对应精度为 30 m;另一个是 SRTM-3,对应精度为 90 m。目前,SRTM-3 全球 DEM 数据是免费获取的。本书采用的是覆盖全中国的 SRTM-3 数据,空间分辨率为 90 m。灌排渠系是以国家测绘 1∶250 000 的地形图和 2000 年内蒙古河套灌区现状图为底图进行矢量化得来的,并在 2010 年利用 GPS 进行实际调查,修正了新建和延伸的主排干沟和干渠,如附图 3 所示。

3.2.2.2 土地利用数据

土地利用图采用寒旱区科学数据中心的内蒙古自治区 2000 年的土地利用数据,比例尺为 1∶100 000,同时结合 2012 年 5~8 月区间段内 4 张无云的 Landsat 7 ETM 影像,轨道号分别为 128/31、129/32、129/31、129/32,对研究区土地利用情况进行修正。通过收集灌区的种植面积资料以及灌区流域内的实地调查,将土地利用图按照流域内主要的地貌进行了重分类,重分类的结果如表 1-3-2 所示。流域内面积占比最大的为草地,高达 53.2%,其次是荒地(荒地包含没有作物的盐碱地)。灌区流域内的小麦、玉米、向日葵和番茄的面积参照巴彦淖尔市统计的 2007~2011 年种植结构比例进行重分类,取其各作物种植面积多年的平均值。向日葵种植面积占比最大,为 5.6%。土地利用图是重分类,根据各植被面积的百分比,利用 ArcGIS 自带的 reclassical 工具进行重分类,参照 DEM 的投影系统将其转化在同一个投影和坐标系中,其结果显示如附图 4 所示。

表 1-3-2　土地利用重分类

土地利用类型	SWAT 代码	面积百分比/%
林地	FRST	1.0
牧场	RNGB	0.3
草地	PAST	53.2
水体	WATR	3.8
高密度城镇	URHD	0.3
农村居民点	URLD	4.4
荒地	BARR	15.0
无灌溉农业	AGRL	5.2
春小麦	SWHT	3.5
番茄	ORCD	4.6
玉米	CORN	3.1
向日葵	SUNF	5.6

3.2.2.3 气象数据

本书的气象数据来源于国家气象科学数据共享服务平台,数据时间长度系列为1990～2013年。选用了河套灌区流域内和附近的7个气象站点,分别是杭锦后旗、临河、五原、乌拉特中旗、乌拉特前旗、大佘太、包头,数据主要包括逐日观测数据,包括最高气温、最低气温、降水、相对湿度、风速和日照时数等。资料中缺少太阳辐射的实测资料,根据童立成的研究成果,可将日照时数换算成逐日的太阳辐射,相关站点的基本情况见表1-3-3。

表1-3-3 气象站基本情况列表

站点名称	站点的空间位置			数据内容
	YPR	XPR	海拔/m	
杭锦后旗	40°51′	107°07′	1 024.0	降水、日照时数、最高气温、最低温度、相对湿度、风速
临河	40°44′	107°22′	1 041.1	降水、日照时数、最高气温、最低温度、相对湿度、风速
五原	41°03′	108°9′	1 023.7	降水、最高气温、最低温度
乌拉特中旗	41°34′	108°31′	1 288.0	降水、日照时数、最高气温、最低温度、相对湿度、风速
乌拉特前旗	40°26′	108°23′	1 020.4	降水、日照时数、最高气温、最低温度、相对湿度、风速
大佘太	41°00′	109°04′	1 078.7	降水、平均气温、相对湿度、风速
包头	40°32′	109°53′	1 004.7	降水、日照时数、最高气温、最低温度、相对湿度、风速

收集来的资料,有些站点由于各种各样的因素存在缺测和中断。缺测的资料在模型中可以用-99代替,但长时间的缺测和中断,模型无法完成初始化运行。需要构建天气发生器来模拟和补充缺测的气象资料。SWAT模型中,提供了一种随机天气模型,在给定天气条件下根据数理统计模型,通过月平均气象数据的统计特征来模拟估算气象的变化过程,从而补充气象资料的不全和缺失。模型中天气发生器的相关统计指标如表1-3-4所示。

表1-3-4 天气发生器的相关统计指标

变量名称	定义	备注
TMPMX	月日均最高气温	$\mu_{\max,\mathrm{mon}} = \sum_{d=1}^{N} T_{\max,\mathrm{mon}}/N$

续表 1-3-4

变量名称	定义	备注
TMPMN	月日均最低气温	$\mu_{\text{min,mon}} = \sum_{d=1}^{N} T_{\text{min,mon}}/N$
TMPSTDMX	月日均最高气温标准偏差	$s_{\text{max,mon}} = \sqrt{\sum_{d=1}^{N} (T_{\text{max,mon}} - m_{\text{max,mon}})^2/(N-1)}$
TMPSTDMN	月日均最低气温标准偏差	$\sigma_{\text{min,mon}} = \sqrt{\sum_{d=1}^{N} (T_{\text{min,mon}} - \mu_{\text{min,mon}})^2/(N-1)}$
PCPMM	月日均降水量	$\overline{R}_{\text{mon}} = \sqrt{\sum_{d=1}^{N} R_{\text{day,mon}}/yrs}$
PCPSTD	月日均降水量标准偏差	$\sigma_{\text{mon}} = \sqrt{\sum_{d=1}^{N} (T_{\text{day,mon}} - \overline{R}_{\text{mon}})^2/(N-1)}$
PCPSKW	月日均降水量偏度系数	$g_{\text{mon}} = N\sum_{d=1}^{N} (R_{\text{day,mon}} - \overline{R}_{\text{mon}})^3/(N-1)(n-2)\sigma_{\text{mon}}{}^3$
PR_W1	月内干日系数	$P_i(W/D) = (d_{W/D,i})/(d_{\text{dry},i})$
PR_W2	月内湿日系数	$P_i(W/W) = (d_{W/W,i})/(d_{wet,i})$
PCPD	月内降雨天数	$d_{\text{wet},i} = day_{\text{wet},i}/yrs$
RAINHHMX	最大半小时降雨量	实测数据统计
SOLARAV	月日均太阳辐射量	$\mu_{\text{rad,mon}} = \sum_{d=1}^{N} H_{\text{day,mon}}/N$
DEWPT	月日均露点温度	$\mu_{\text{dew,mon}} = \sum_{d=1}^{N} T_{\text{dew,mon}}/N$
WNDAV	月日均风速	$\mu_{\text{wnd,mon}} = \sum_{d=1}^{N} T_{\text{wnd,mon}}/N$

3.2.2.4　土壤数据的计算

SWAT 模型中,需要的土壤包括两类:一类是土壤类型的空间数据,另一类是土壤的物理化学属性。土壤类型的空间数据来源于中国科学院南京土壤研究所的全国 1:100 万的土壤图,利用 ArcGIS 坐标投影转化工具,将其投影坐标系统转换成与 DEM 相一致。

土壤物理化学属性数据是模型初始化运行的必备条件,对于模型的模拟起着非常重要的作用,土壤剖面当中水和气的交换是由土壤物理属性来主导的,其物理属性包括土壤含水率、土壤深度、粒径组成、饱和导水率等。物理属性数据中的相关参数一部分可以从当地土壤志或研究成果计算得到;还有一部分缺失的,可以采用美国农业部开发的土壤水特性计算程序 SPAW 进行估算,相关参数参见表 1-3-5。

表 1-3-5　土壤数据库相关参数

变量名称	模型定义	备注
SNAM	土壤名称	跟索引表统一
NLAYERS	土壤层数	查阅当地土壤志
HYDGRP	土壤水文分组	根据下垫面特征分 A、B、C 或 D 类
SOL_ZMX	土壤坡面最大根系深度	实测
ANION_EXCL	阴离子交换孔隙度	默认值 0.5
SOL_CRK	土壤最大可压缩量	查阅土壤志
TEXTURE	土壤层结构	根据土壤机械组成
SOL_Z	土壤表层到土壤底层的深度	查阅土壤志
SOL_BD	土壤湿密度	实测
SOL_AWC	土壤可利用的有效水	利用 SPAW 软件计算
SOL_K	饱和水力传导系数	
SOL_CBN	有机碳含量	利用经验公式 TOC=0.58 有机质
CLAY	直径<0.002 mm 的土壤颗粒/%	根据南京土壤研究所提供的中国制颗粒组成,利用 Matlab 三次样条插值计算转换美国制的颗分标准
SILT	直径 0.002~0.05 mm 的土壤颗粒/%	
SAND	直径 0.05~2 mm 的土壤颗粒/%	
ROCK	直径≥2 mm 的土壤颗粒/%	
SOL_ALB	地表发射率	默认值 0.15
USLE_K	土壤侵蚀力因子	查阅土壤志
SOL_EC	电导率	查阅土壤志

土壤的化学属性主要包括土壤中初始有机质含量、氮和磷的初始含量、盐度、电导率等。土壤的化学属性数值一部分根据中国科学院南京土壤研究所土壤分中心的土壤数据库中的属性数据进行确定,另一部分采用实地采样室内测定的数据进行初值的设定。

由于土壤图精度不够高,在模型模拟过程参数的率定过程中,还需要进一步对土壤参数进行校正。

3.2.3　子流域划分

分布式水文模型运用的基础是准确合理地划分出研究区流域边界和子流域大小。SWAT 模型在空间单元的离散化方面,充分地考虑研究区的地形特征、土地利用类型和土壤类型等下垫面条件的空间异质性。通过 GIS 平台的叠加分析,将流域内具有相同水文特性的单元划分归类,形成不同的水文单元,然后在水文单元的基础上进行子流域的划分。

河套灌区流域地貌为山区、平原区复合地貌,且陆面水文过程复杂。特别是地区内的农业灌区平原,水文过程以人工灌溉-蒸散-排灌为主。目前,该地区的水量平衡计算和面源污染都是研究的热点,合理地划分子流域和流域边界是准确模拟该地区水文循环的前提。灌区地形上北接阴山山脉的乌拉山和狼山,南临黄河,是典型的山区、平原复合地貌流域。地形地貌特征不仅具有自然山区和平原区的特点,同时区域内水文过程受人为活动剧烈的影响,具有人工-自然流域的代表性。通过结合流域内山脊线、天然河流和灌域边界特征,对子流域和流域边界进行划分,合理地划分出其完整流域。

3.2.3.1　流域划分方法概述

在山前平原地区,山区径流对平原区水文具有补偿作用。流域划分时,需要考虑山区对平原区的补给,才能使水文循环体系具有完整性。基于 GIS 和 SWAT 模型的流域划分方法思路可归纳为:首先,将山区、平原复合地貌区分为山区和平原区依次进行划分,针对平原区和平原灌区,借助 GIS 工具,通过“Burn-in”算法和“高程增量叠加算法”对平原区 DEM 进行预处理,增加平原区汇水能力的同时,使其各子流域汇水区符合平原区用水管理特点;其次,借用 SWAT 模型的流域划分模块的 D8 算法对山区子流域和汇水区进行划分,子流域作为分布式水文模型的计算单元,是构建分布式水文模型的重要内容之一;最后,综合山脊线、天然河流和土地利用图对整个流域的边界进行合理的确定,以达到完整划分流域的目的。

3.2.3.2　复杂地形地貌流域划分步骤

1. 基于“Burn-in”算法修改 DEM

在大型的平原灌区中,平原区 DEM 无法精确表达高程信息,SWAT 模型采用的 D8 算法无法精确计算河网位置,从而定义河流流向。因此,需要通过将排水沟所在的高程降低,人为地增加平原区的汇水能力。为了准确计算出与实际相一致的河网,首先需将数字河系与排水沟网转成栅格单元大小与原 DEM 一致的栅格数据,其次借助 ArcGIS 中的逻辑、数学运算,将河道流经的 DEM 高程值降低一定的数值或比例,保持修正河道高程值低于河道周围地区的高程值,以使最后提取出来的河道更加接近真实河网。具体操作步骤如下:

(1)在 GIS 环境下,将数字化的实际河网图由 shp 格式转化成 grid 格式,然后对 grid 格式河网以 reclassify 命令重分类,具体将有值的河网划分为 1,将非河网所对应的 Nodata 值划分为 0。

(2)填充原始 DEM 凹陷。原始 DEM 有凹陷坑,基于此 DEM 计算出的河流可能发生断流现象。为克服这一缺陷,利用 ArcGIS 的 fill sink 命令获得了无凹陷 DEM。

(3)将重分类的河流水系 grid 图层与 DEM 相乘,将 DEM 的高程值赋给生成的水系图,然后将带有 DEM 高程信息的水系图乘以小于 1 的系数,降低其高程值。

(4)将填充的 DEM 减去上一步生成的水系图,得到新的 DEM。

2. 基于“高程增量叠加算法”修改 DEM

平原灌区通过输配水渠系输水,与自然流域水文汇流过程相反,且灌区的输配水渠系与排水沟网覆盖着整个灌区。灌区的用水特点以灌域为单元进行管理,而灌域的划分主要根据输配水渠系来进行确定。前期单独地降低排水沟网还不能完全地反映实际的灌区水文过程和特点,需要结合输配水渠系重新定义研究区子流域边界。因此,在水文模型的构建过程中,需将研究区子流域按输配水渠系进行重新划分。平原灌区中输配水渠系与天然分水岭有着相似的功能。基于此种考虑,在前期修改过的 DEM 上做进一步处理。采用“高程增量叠加算法”,使其输配水渠系所在的高程增加,作为子流域的边界线。

3. 研究区全流域边界的确定

山区、平原复合流域的地形地貌复杂,不能再简单地以灌域边界或行政边界来进行划分,合理地确定研究区的边界是后期分布式水文模型准确计算水量平衡的基础。综合考虑山区产水量和平原区侧向补给量,将其分为平原区和山区流域。平原区边界的确定结合土地利用图和灌域边界进行确定,山区流域边界线按分水岭线进行划定,最后综合两部分的流域边界线确定研究区边界,划定出完整的全流域边界。

3.3 流域划分技术在河套灌区的应用

分布式水文(SWAT)模型的基础是流域的准确划分。对研究区进行准确的流域边界划定才能保证流域内水量平衡计算的精度。在划分过程中,将灌区流域分为平原区和山区流域分别进行划分。

首先,针对平原区 DEM 高程差异不明显,先通过“Burn-in”算法降低排水沟网所在 DEM 的高程值。由于河套灌区小地形起伏较多,汇水能力差,单以加减法降低汇水河网高程值无法取得较好的结果。书中提出采用系数法来降低高程值。对于主汇水沟网乘以小于 1 的系数,此方法不仅能降低汇水沟网的高程值,同时还能削弱小地形起伏对汇水区的影响,最终达到增强河流汇水能力的目的,生成符合实际的汇水河网。附图 5 包含模型生成的河网与实际河网的对比图,图中主要河网均没有出现断流现象,说明采用系数法能有效地克服平原区的微地形对汇水路径的影响。虽然生成的河网末端有缺失,但是主要的河网形态与现状实际水系叠加较高,能正确地反映出实际的河网位置。

其次,河套灌区平原区人类活动剧烈,用水特点以灌域单元进行管理,因此在子流域的划分过程中,需参照构建灌域单元的输配水渠系对平原区子流域进行重新划分。采用“高程增量叠加算法”,升高输配水渠系所在的 DEM 高程值,使其所在高程值高于周边区域,成为子流域分水线。子流域划分结果如附图 5 所示,对比附图 3 发现模型生成的子流域边界线基本与灌区的输配水渠系重合,与实际的用水管理单元相符。说明构建的分布式水文模型符合实际的水文循环过程,为后期水量平衡和溶质运移的准确计算奠定了基础。

再次,在全流域边界的确定中,需紧密结合土地利用图。针对河套灌区平原,多年灌溉措施只对灌域内作物进行灌溉,依据灌溉田区域,参考重分类的土地利用图(见附图 4)划定平原区西部。同时,平原区南部与黄河相接,河流作为地下水的天然露头,与灌区地下水有着紧密的水力联系,因此以黄河为界划定南部流域边界。以平原灌区的水循环过程为研究目标,其流域边界的划分结果如附图 6 所示的平原区边界。以全流域的水文循环过程为研究目标,则全流域边界的处理还需完整考虑山区产汇流对平原区水量的贡献。

最后,针对山区流域高程差异明显,SWAT模型基于D8算法能较好地识别其分水线,划定山区流域边界。河套灌区北部和东部是狼山及乌拉山,模型计算产流汇流过程中,在满足平原区子流域汇水面积与灌域用水单元面积相同的条件下,能准确合理地划分山区子流域及全流域分水线。划分结果如附图6所示。通过ArcGIS查询流域面积属性,山区流域面积占总流域面积的58.1%。因此,在计算全流域的水量平衡过程中,必须考虑山区产水量对平原区径流量的影响,其产水量贡献不能忽略。

3.4 本章小结

SWAT模型是基于物理基础的分布式水文模型,流域水文及污染物的模拟主要包括3个子模型,分别是水文子模型、土壤侵蚀子模型和营养物迁移子模型。SWAT模型初始化的构建是基于模型各自的参数物理属性,以空间数据和属性数据为基础。空间数据主要包括数字高程模型DEM、土地利用图、土壤图等;属性数据主要包括气象、土壤、水文、水质、污染源等信息。采用Alber等积投影进行投影对空间数据进行格式统一的投影转化;以及按研究区实际情况对土地利用数据进行了重分类,并总结了在处理物理属性数据时对降雨等数据的处理方法。

在初始化模型的基础上提出了合理的流域边界划分方法。在地形条件复杂的研究区(平原-山区地貌流域,平原区水系主要以灌排系统为主),流域边界的确定和子流域的划分中需要对已知的DEM进行预处理。书中提出了以“Burn-in”算法和“高程增量叠加算法”相结合的方法预处理DEM,利用土地利用图进行子流域的划分,划分结果合理可靠,说明该方法适合于河套灌区流域的划分,也为类似地形地貌地区提供了流域划分的依据。

4 SWAT 模型在河套灌区流域适用性评价

4.1 参数敏感性分析

SWAT 模型的 3 个子模型在水文循环和污染物负荷的模拟过程中有大量的具有实际物理意义的参数参与。由于参数量巨大、取值范围广,且实际测量和获取相关物理意义的参数难度较大,因此在模型运行过程中需首先找出与模拟过程非常密切的相关参数,通过调节参数的合理取值使得模型能准确模拟区域水文循环过程。为了保证 SWAT 模型的正常运行,大部分参数都设置了初始值。因为 SWAT 模型在最开始的设计和应用时,是根据特定流域气候、地形地貌、土壤类型进行初始化的,所以模型中很多的参数初始值不能表征其他流域的实际情况。同时,有些参数虽然取值范围非常大,但是其在取值范围内变化时,对模型模拟结果影响很小,而有些参数稍微变动,模拟结果变化剧烈。因此,在模型应用时需要对模型进行参数的敏感性分析和合理性评价,找出影响模型模拟结果较大的参数。在模型率定校准过程中,敏感性分析能极大地提高率定效率。

SWAT 模型自 SWAT2005 版本后添加了敏感性分析模块,其采用的方法是 LH-OAT 方法。该方法结合了 One-factor-At-a-Time(OAT)分析法与 Latin Hypercube 采样技术,该方法的优点是通过随机组合参数来确保每个参数都有被抽中的机会,且能输出每一次参数改变的模拟结果,这既提高了模型计算效率又便于结果的分析。敏感性分析结果则采用一个无量纲的数代表敏感度,反映了模型参数的变化对模拟结果的影响程度。

4.1.1 敏感性分析原理

LH(latin hypercube)拉丁超立方抽样法属于分层抽样法的一类。该方法将参数的取值范围空间划分为 N 层,生成一组随机数;同时,在每一层进行抽样,且只能抽一次,每层出现的概率为 $1/N$,然后模型利用多元线性回归和相关性统计进行分析模拟。OAT 是将每组的随机组合数进行一次微小的改变,且每次只改变一个参数值,然后计算每改变一个参数值对模拟结果变化大小的影响。由于 LH-OAT 方法每运行一次只改变一个参数值,因此模型模拟结果的变化可归因于该参数的变化,所以能准确地判断一个参数是否敏感,该方法极大地提高了模型的可用性。该方法的计算表达式如下:

$$S_{i,j} = \left| \frac{100 \times \left(\dfrac{M(e_1,\cdots,e(1+f_i),\cdots,e_p) - M(e_1,\cdots,e_p)}{[M(e_1,\cdots,e(1+f_i),\cdots,e_p) + M(e_1,\cdots,e_p)]/2} \right)}{f_i} \right| \tag{1-4-1}$$

式中:M 为函数;f_i 为参数 e_i 的变化比例;j 为采样点。

参数计算一个循环需要运行 $p+1$ 次,结果取每次循环的局部影响的平均值,整个 N 层计算过程需要运行 $N\times(p+1)$ 次。

4.1.2 敏感性参数排名

前文在模型构建过程中,将研究区划分为 55 个子流域,364 个水文响应单元。以红圪卜扬水站作为流域的出流点,选择了对河套灌区流域径流影响较大的 14 个参数,利用 SWAT 模型自带敏感性分析模块筛选出对模拟结果较敏感的参数,参数的意义及模拟初始值如表 1-4-1 所示。

表 1-4-1 红圪卜扬水站径流参数敏感性结果

敏感性排名	参数名称	描述	变化范围
1	Gwqmn. gw	浅层地下水径流系数	0~5 000
2	Rchrg_dp. gw	深蓄水层渗透系数	0~1
3	Esco. bsn	土壤蒸发补偿系数	0~1
4	Sol_z. sol	土壤深度/mm	0~600
5	Gw_revap. gw	地下水再蒸发系数	0. 02~0. 2
6	Gw_delay. gw	地下水滞后系数	0~100
7	Revapmn. gw	浅层地下水再蒸发系数	0. 02~2
8	Alpha_bf. gw	基流 α 系数	0~1
9	CN2. mgt	SCS 径流曲线系数	35~98

结果表明,地下水的参数较地表水的参数敏感,Gwqmn. gw 是最敏感的一个,它影响着浅层地下水的出流量。与地表水关系密切的 CN2 值则排在敏感性分析的第 9 位。初步可以判定,河套灌区流域的水量校准主要集中在地下水部分,地表径流贡献不大。

4.2 模型校准与验证及评价指标

参数的敏感性分析是高效率定校准和验证模型的前提。根据参数敏感性分析的结果,结合各参数实际的物理意义,通过对比实测值和模拟值再进行参数取值范围内的变化调整。模型的率定过程就是模拟值和实测值无限接近的过程,模型的验证则是率定后的模型对复杂的流域环境问题和机理过程的模拟和表述。

本书利用决定系数(R^2)和纳什效率系数(NSE)评价和验证模型的适用性。R^2 可以衡量均值的模拟效果,NSE 可以衡量极值的模拟效果。R^2 和 NSE 的共同性在于两个评价指标的取值范围均为 0~1,其值越接近于 1,则模拟值和实测值的回归线拟合越好,相关性越高,且模拟值越接近实测值;反之则相关性越低,模拟值与实测值差距越大。然而两个指标有着各自的含义,不能单独使用。R^2 的物理含义是表达模拟值和实测值回归线拟合程度的好坏,当其值无限接近 1 时,模拟值和实测值变化趋势越一致;反之亦然。NSE 的物理含义是表达模拟值与实测值基于最小二乘法在 1:1线之间的偏离程度,当其值等于 1 时,模拟值与实测值相同;反之亦然。因此,如果只有 R^2 作为评价指标,存在一种情况是模拟值与实测值回归线的斜率和截距分别为 1 和 0,R^2 值接近于 1,但模拟结果可能整体偏大或偏小,在曲线图中模拟值可能整体在实测值的上方或下方进行偏移。R^2 和 NSE 的计算公式如下:

$$R^2 = \left\{ \frac{\sum_{i=1}^{n} (Q_0 - \overline{Q_0})(Q_s - \overline{Q_s})}{\left[\sum_{i=1}^{n} (Q_0 - \overline{Q_0})^2\right]^{0.5} \left[\sum_{i=1}^{n} (Q_s - \overline{Q_s})^2\right]^{0.5}} \right\} \tag{1-4-2}$$

$$\text{NSE} = 1 - \frac{\sum_{i=1}^{n} (Q_0 - Q_s)^2}{\sum_{i=1}^{n} (Q_0 - \overline{Q_0})^2} \tag{1-4-3}$$

式中:Q_0 和 Q_s 分别为观测数据和模拟数据;$\overline{Q_0}$ 和$\overline{Q_s}$ 分别为观测数据的平均值和模拟数据的平均值;n 为数据个数。

4.2.1 模型校准方法

SWAT 模型中校准模块包括两部分:一部分是手动校准模块,另一部分是自动校准模块。手动校准采用的基本方法为试错法,通过人工调整参数值,代入模型进行模拟,将模拟结果和实测值进行对比并计算评价指标值,如果达到评价值标准,结束校准,确定最终参数取值。自动校准模块中 SWAT 自带的是 SCE-UA 算法,虽然算法已被成功运用在水文和水质上,但其应用较为局限,对于大流域和长时间序列收敛速度较慢。表 1-4-2 列出了 SWAT 模型两种校准方法的优缺点。

表 1-4-2 SWAT 模型两种校准方法的优缺点

方法	优点	缺点
手动校准	可以结合流域实际进行参数的取值,且每次参数调整后有详细的模拟结果报告	模拟过程中需要大量的试错运行,且需对参数的物理意义有清晰的认识
自动校准	不需要考虑参数的选取,且能进行大量次数的模拟,次数越多,模拟结果精度越高	对计算机硬件要求高,且中途遇错会终止运行

根据本书研究的需要,在模型的率定校准和验证过程中,采用人工校准和自动校准相结合的方法,克服两种方法的缺点。

率定过程中先用人工校准的方法对模型进行粗调,在参数敏感性分析的基础上,粗调相应的参数,使得模拟值与实测值的相对偏差 $|Re| < 30\%$,经过粗调后的参数,取值范围相应地缩小,再将粗调后的参数范围输入后期的自动校准中,可大大提高算法的收敛速度,提高自动校准的运算效率。

本书的自动校准采用的是 SWAT 官网提供的 SWAT-CUP 软件,该软件是由瑞士联邦水科学与技术研究所(EAWAG)针对 SWAT 模型的参数率定校准过程研发的独立免费软件。该软件提供了 5 种算法,本书选取 SUFI-2 方法进行自动校准。校准和验证流程如图 1-4-1 所示。

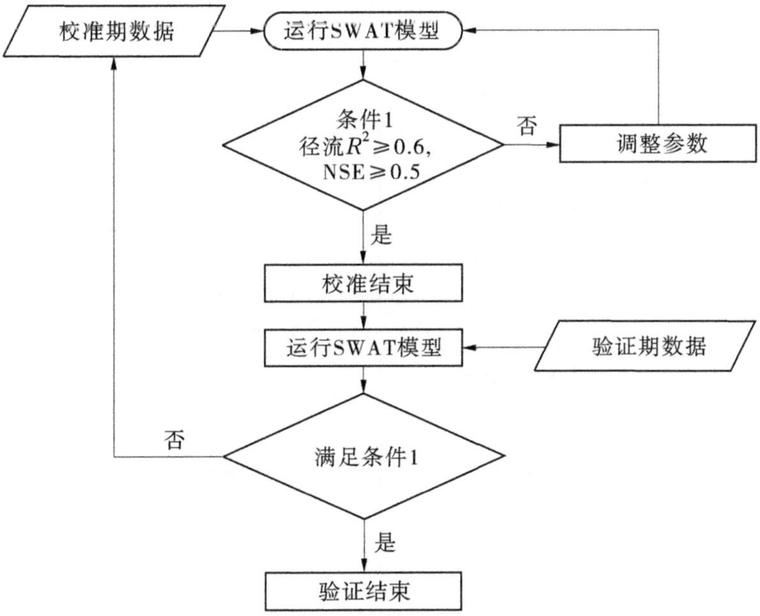

图 1-4-1　校准和验证流程

径流的校准过程中,参数的选择一般有以下经验可参考:

(1)校准地表径流。可先调整 CN2 值,如果达不到要求,则再调整 SOL_AWC 或 ESCO 两个参数。

(2)校准地下径流。如果模拟基流值太高,则增加 GW_REVAP 值,或减小 REVAPMN 值,或增加 GWQMN 值。

若地下水补给量大于或等于所需要的基流,则减小 GW_REVAP 值,或增加 REVAPMN 值,或减小 GWQMN 值。

(3)流量过程线校准。若峰值看着合理,退水期降得太快,则检查河道水力传导率 CH_K 和基流系数 α。

(4)营养物的校准。首先应该检查土壤属性库中氮、磷初始浓度值,其次检查管理措施中施肥量和施肥时间的正确性。参数值选择调整:氮渗透系数 NPERCO(.bsn)、磷渗透系数 PPERCO(.bsn)、土壤磷分配系数 PSP(.bsn)和 QUAL2E 文档中与营养盐相关的参数。

4.2.2　参数率定结果

模型的率定是在一定的参数取值范围内调试参数以使模拟值和实测值合理接近的过程。本书首先手动对影响径流量的参数进行校验,由于书中收集到的红圪卜实测流量数据为 2003～2013 年,因此本书以 2003～2009 年作为率定期、2010～2013 年作为模拟验证期。

4.2.2.1 手动参数校准

选取敏感性排名前 9 的参数分别对模型进行率定，结果见表 1-4-3。

表 1-4-3 手动参数率定结果

序号	参数名称	率定值	范围
1	Gwqmn. gw	560[a] mm 90[b] mm	300～600 mm 5～100 mm
2	Rchrg_dp. gw	0. 05	0. 01～0. 50
3	Esco. bsn	0. 95	0. 81～0. 95
4	Sol_z. sol	1 000[c] mm 1 400[d] mm	—
5	Gw_revap. gw	0. 02	0. 02～0. 12
6	Gw_delay. gw	21 d	9～23 d
7	Revapmn. gw	300 mm	0～304 mm
8	Alpha_bf. gw	0. 06	0. 01～0. 50
9	CN2. mgt	35	35～98

注：a，b 分别表示无灌溉土地和有灌溉土地；c，d 分别表示第一层土壤和第二层土壤。

4.2.2.2 自动参数校准

在手动校准的基础上采用 SWAT-CUP 软件的自动校准工具对模型的径流量、污染物负荷量进行进一步的校准。通过实际物理过程的分析，流域内营养物质的运移输出与径流量和土壤侵蚀有着密切的关系，因此在 TN、TP 的模拟率定过程中，增加了一些与泥沙相关的参数。虽然该地区缺少相关的泥沙检测资料，但 SWAT 模型的另一个优点就是在缺资料地区也能较好的应用。本次率定将整个流域分为了两部分：一部分是北部的山区，另一部分是灌区平原。各部分内各土地利用单元的取值各不相同，极大地提高了模型模拟的准确性。利用 SWAT-CUP 软件中的三种赋值方法：增加一定数值（a）、新值替代旧值（v）、数值相对变化（r）对模型参数进行自动率定和校准。得到的参数率定值如表 1-4-4 所示。

表 1-4-4 自动参数值得选取及率定

参数名称	单位	北部山区	灌区平原
		AGRL/PAST/BARR	CORN/SUNF/SWHT/URMD
CN2	—	53/45/35	50/68/89/46
ESCO	—	0. 68/0. 67/0. 72	0. 71/0. 71/0. 72/0. 76
EPCO	—	0. 23/0. 45/0. 40	0. 23/0. 07/0. 35/0. 19
CANMX	—	37/35/30	42/35/34/10
SOL_AWC	mm/mm	0. 09～0. 11	0. 13～0. 71
ALPHA_BF	d	0. 04	0. 31
CH_K2	mm/h	1. 5	3. 1

续表 1-4-4

参数名称	单位	北部山区	灌区平原
		AGRL/PAST/BARR	CORN/SUNF/SWHT/URMD
GWQMN	mm	207	96
GW_DELAY	d	22	27
REVAPMN	mm	200	165
GW_REVAP	—	0.03	0.04
RCHRG_DP	—	0.01~0.5	0.01~0.2
SLOPE	m/m	0.2/0.2/0.01	0.01/0.01/0.01/0.1
SLSUBBSN	m	150	
CDN	—	3	
SDNCO	—	0.85	
NPERCO	—	0.7	
PPERCO	—	10	
PHOSKD	—	150	
PSP	—	0.7	

表 1-4-5 列出了模型中所涉及的部分参数名称及物理意义。

表 1-4-5　模型部分参数名称及物理意义

参数名称	描述及取值意义
CN2	SCS 径流曲线数
ESCO	土壤蒸发补偿系数,取值范围为 0.01~1。其值越接近于 0.01,下层蒸发量越大
EPCO	植物吸收补偿系数,取值范围为 0.01~1。其值越接近于 1,模型允许植物从更低的土壤层吸收水分
CANMX	最大植物截留量
SOL_AWC	土壤可利用水量
ALPHA_BF	基流 α 因子,取值范围为 0.1~1。当其值在 0.1~0.3 变化时,回归流响应较慢;当其值在 0.9~1.0 变化时,回归流响应较快
CH_K2	主河道有效水力传导系数,其值越小,河床流失率越低
GWQMN	浅层地下水发生阈值,其值越低,说明地下水流越容易发生
GW_DELAY	地下水延迟系数

续表 1-4-5

参数名称	描述及取值意义
REVAPMN	浅层地下水越流系数,其值越低,说明浅层含水层的水越容易向不饱和带运移
GW_REVAP	地下水再蒸发系数,取值范围为 0.02~0.2,其值越大,浅层含水层中的水向根系层运移的蒸发量越大,其蒸发量可以达到潜在蒸发量
RCHRG_DP	深层含水层渗透系数,取值范围为 0~1.0
SLOPE	坡度
SLSUBBSN	平均坡度长度
CDN	反硝化指数速率系数,取值范围为 0~3.0,其值越大,说明反硝化速率越高
SDNCO	反硝化临界含水率。土壤的田间含水率大于该值,反硝化作用开始发生
NPERCO	硝酸盐渗透系数,取值范围为 0.01~1.0。其值越接近于 0,径流中硝酸盐的浓度接近于 0;其值越接近于 1,地表径流中硝酸盐的浓度等于下渗浓度
PPERCO	磷渗透系数,取值范围为 10~17.5。磷下渗系数取决于土表层 10 mm 中溶解态磷的浓度
PHOSKD	土壤中磷的分配系数。与土表层 10 mm 中溶解态磷的浓度有关
PSP	磷有效性指数

4.3 模拟率定期和验证期效果评价

4.3.1 月径流模拟结果评价

校准期模型模拟效果如图 1-4-2 所示,校准期 R^2 和 NSE 值分别为 0.82、0.78。验证期如图 1-4-3 所示,模型的 R^2 和 NSE 值分别为 0.80 和 0.77。两个评价指标结果显示模型经校准后达到模拟精度要求,可以认为 SWAT 模型在河套灌区流域水文部分的适用性较好,能为后期的面源污染模拟的准确性奠定基础。

4.3.2 TN、TP 的评价指标及模拟结果

本书 TN、TP 数据为室内测定,从 2002 年开始已经有月尺度氮磷监测数据。由于试验条件限制,团队数据能检测的月份从每年的 4 月开始至每年的 10 月,近年来会补测冬季 1 月的氮磷污染物。书中选择数据时间跨度为 2006~2013 年,TN、TP 数据为水体中的浓度值。为了能直接与 SWAT 模型输出值进行比较,需将其浓度值转化为监测断面的输出量,其公式如下:

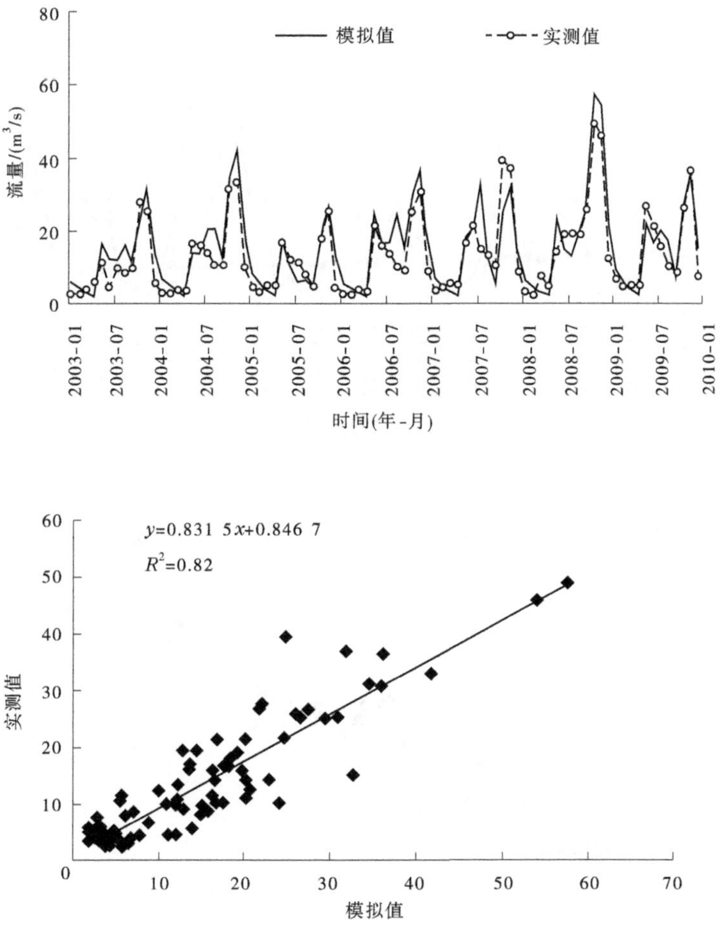

图 1-4-2　径流模拟率定期结果

$$M = \rho Q \times 10^{-3} \tag{1-4-4}$$

式中：M 为断面氮、磷的输出总量，kg；ρ 为实测的氮或磷月平均浓度，mg/L；Q 为监测断面月平均径流量，m^3。

在 SWAT 模型中，没有直接对应的总氮和总磷输出量，因此将模型输出的各氮元素和磷元素的和作为总负荷，其中氮元素包括有机氮、硝酸盐总量、亚硝酸盐总量、氨氮总量；磷元素包括有机磷总量、矿物质磷总量。公式如下：

$$\text{TN\_OUT} = \text{ORGN\_OUT} + \text{NO}_3\text{\_OUT} + \text{NO}_2\text{\_OUT} + \text{NH}_4\text{\_OUT} \tag{1-4-5}$$

$$\text{TP\_OUT} = \text{ORGP\_OUT} + \text{MINP\_OUT} \tag{1-4-6}$$

利用断面计算的实测值与 TN_OUT 和 TP_OUT 对比进行模型的率定与验证。将 2006 年作为模型预热期，2007~2010 年作为模型率定期，2011~2013 年作为模型验证期。因为数据量的限制，在氮磷评价指标体系中加入了相对偏差（PBIAS），能进一步评价模拟结果的可靠程度。总氮在率定期内 NSE 和 R^2 值分别为 0.63 和 0.67，验证期内 NSE 和 R^2 值分别为 0.48 和 0.50，相对偏差在率定期和验证期内不超过 10%，说明总氮模拟结果

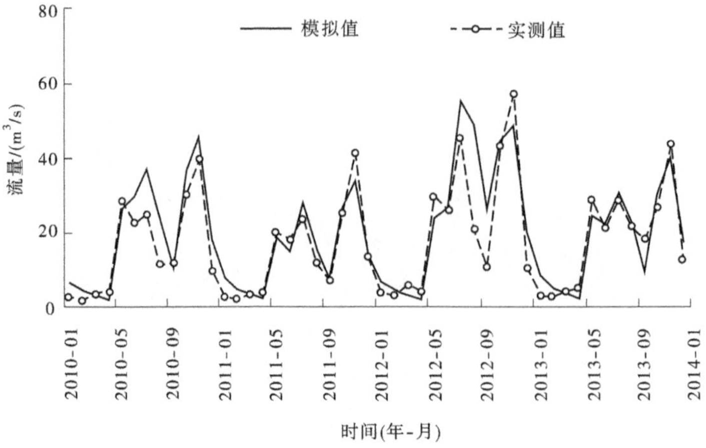

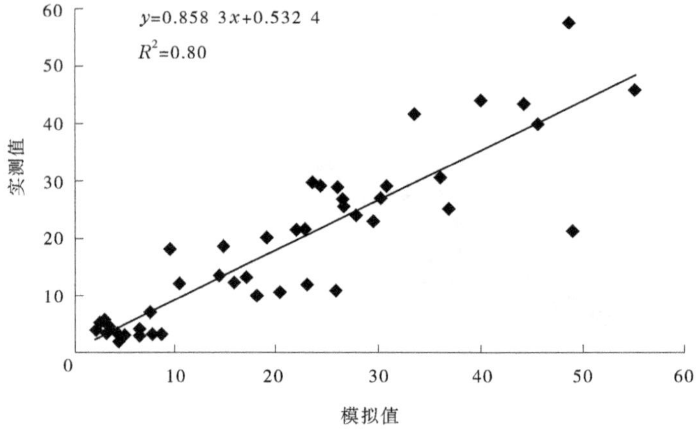

图 1-4-3　径流模拟验证期结果

良好可靠。总磷率定期内 NSE 和 R^2 值分别为 0.64 和 0.66,验证期内 NSE 和 R^2 值分别为 0.42 和 0.51,相对偏差在率定期和验证期内没超过 40%,同样也说明模拟结果可信可靠,率定结果如表 1-4-6 所示。

表 1-4-6　模型 TN 和 TP 的率定结果

评价指标	总氮(TN)		总磷(TP)	
	率定期	验证期	率定期	验证期
NSE	0.63	0.48	0.64	0.42
R^2	0.67	0.50	0.66	0.51
PBIAS/%	9.53	2.38	27.02	36.65

根据模型月模拟结果(见图 1-4-4、图 1-4-5),分析其时间变化规律。降水-径流过程是流域面源污染发生的驱动因素,河套灌区流域雨量主要集中在 6~9 月,占全年降水量

的 80%以上。可以看到,氮负荷的峰值变化与径流变化趋势类似,年内均有两个峰值,一个是作物生长期内的峰值,另一个是秋浇时的峰值,而这两个时间段的径流量主要来源于土壤径流和地下水,可以说明氮的流失与土壤壤中流和地下水的关系较为密切。磷的峰值变化与径流过程和氮流失特征有较大的差异,其峰值主要出现在 6~8 月,而这 3 个月是降雨的主要发生月,说明磷的运移主要是随着地表径流发生的,与降雨有着密切的关系。

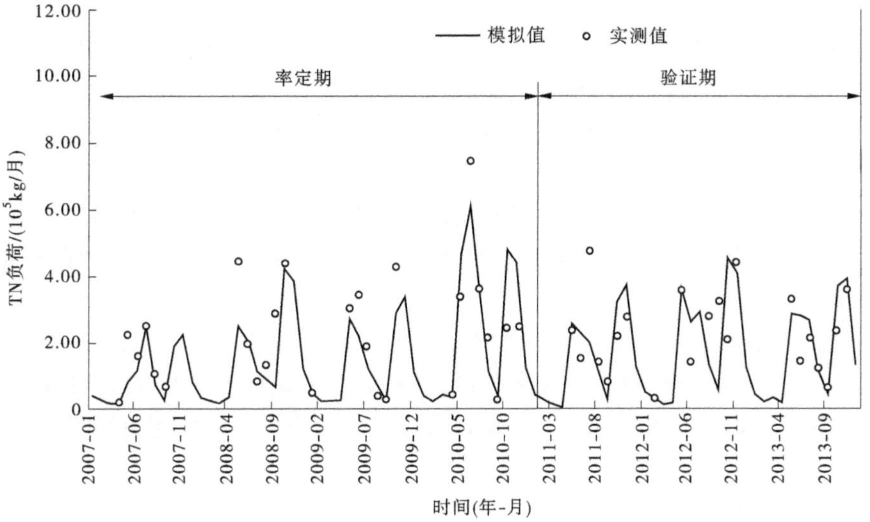

图 1-4-4　总氮的月模拟结果

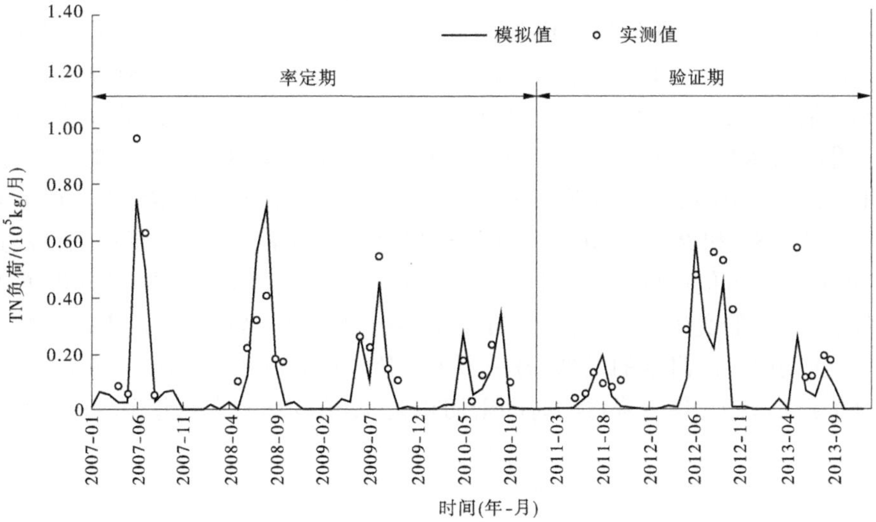

图 1-4-5　总磷的月模拟结果

4.4 不确定性来源分析

在模型率定和校准过程中存在较多的不确定性因子，可直接影响模型模拟的精度。如模型概化过程中的不确定、空间数据上的不确定和流域参数的不确定。模型概化过程中的不确定性主要表现在以下几个方面：

(1)流域划分个数的不确定性。不同的阈值选择，相应子流域划分的个数不同。相关研究表明，子流域的个数对径流量和污染物负荷量有一定的影响。另外，土地利用中的重分类，也属于流域概化的一部分，不同的土地利用特征产流量不同，书中基于研究目的和后期统一管理，对面积占比较小的土地利用进行了重分类，将小类合并为大类，面积较小的则忽略，势必增加了模型在模拟流域水文过程的不确定性。

(2)模型输入数据的不确定性。由于气象站点个数和资料序列的限制，空间气象数据对模拟结果存在不确定性。例如，五原站缺少日照时数数据，即缺少辐射数据，大佘太和前期站降雨资料从2007年起，缺少的数据依靠天气发生器进行补足，因此模拟结果也存在不确定性。

(3)模型参数率定的不确定性。模型在参数率定过程中，有一部分参数可以通过实测来获得，一部分参数依靠经验公式来获得。例如，径流曲线SCS中的CN2值、土壤蒸发补偿系数ESCO等都是经验参数，在参数值的选取上则依靠实际情况进行取值，也对模型模拟结果的输出存在不确定性的影响。

4.5 本章小结

通过SWAT模型对河套灌区流域的径流及营养物负荷进行模拟分析，采用手动校准和自动校准相结合的方法对径流模拟的相关参数进行率定，其中自动校准选用的是SWAT-CUP软件中的SUFI-2方法，经计算可知，径流的校准期内R^2和NSE的值分别为0.82、0.78，验证期内R^2和NSE值分别为0.80和0.77。总氮模拟中，模型率定期内NSE和R^2值分别为0.63和0.67，验证期内NSE和R^2值为0.48和0.50，相对偏差在率定期和验证期内不超过10%；总磷模型过程中，模型率定期内NSE和R^2值分别为0.64和0.66，验证期内NSE和R^2值为0.42和0.51，相对偏差在率定期和验证期内没超过40%，说明模型模拟结果可信可行，能适用于河套灌区复杂地貌的流域。同时分析了TN负荷量在月时间尺度上的变化规律，其趋势与径流的趋势基本一致，年内出现两个峰值，一个来自植物生长期内的灌溉水的贡献，另一个来自秋浇期灌溉水的贡献。TP负荷量在月时间尺度上的变化趋势与年内降水的时间密切相关，峰值均出现在每年雨季的6~8月。

5　河套灌区流域径流和面源污染的影响分析

依据 SWAT 模型流域划分的结果,统计可知灌区平原的面积占总流域面积的 1/2 以上,流域出口的总水量绝大部分来自平原区农田退水,平原区内不适当的土地利用方式和灌溉管理措施会直接导致土壤侵蚀和过量的 N、P 流失,从而形成大面积的面源污染。因而需要进一步讨论灌区平原内的人为活动中作物种植结构、灌溉和施肥方式对流域内水文循环过程和污染物的迁移规律及负荷量的影响。

5.1　径流受灌区管理制度的影响分析

5.1.1　模型中灌溉制度的概化

SWAT 模型中允许模拟复杂的作物管理方式,分析讨论管理措施的影响,首先需要合理准确地概化到具体的水文响应单元,才能评估流域农业生产对流域面源污染的影响。SWAT 模型中农业管理模块包括的农业措施主要有耕地、播种、灌溉、施肥、收割等。本书中对林地、草地、旱田、水域这些土地利用类型及其管理信息采用模型缺省值,即不做任何修改。对于水田地,有作物种植的区域应制订详细的农业管理措施。在研究工作中,为了了解河套灌区平原区各作物的种植和施肥情况,于 2012 年进行了一次面上实地调查,调查对象主要为当地的农户,走访的地区主要有临河区、五原县和乌拉特前旗。

流域内的农作物种类较多,研究中选取主要农作物进行分析。以粮食经济类作物为主,春季的春小麦,夏季的玉米、向日葵和番茄。调查项目主要包括各作物施肥量、施肥次数、作物产量、灌溉水量及时间。

5.1.1.1　灌区主要作物施肥量的统计

经实地调查统计分析,河套灌区农户的农业生产方式和施肥方式为:2.63%的农户不施用氮肥,11%的农户不施用磷肥,而 89%的农户不施用钾肥。选择灌区内主要的 4 种作物为小麦、玉米、向日葵和番茄,氮、磷、钾施肥情况统计见表 1-5-1。

表 1-5-1　各作物的平均施肥量

作物名称	氮肥/(kg/hm^2)	磷肥/(kg/hm^2)	钾肥/(kg/hm^2)
小麦	244	130	29
玉米	249	113	34
向日葵	230	110	31
番茄	246	133	33

5.1.1.2 灌区主要作物需水量的确定

作物生长期内的灌溉水量主要是根据作物各阶段的需水量来确定的，本书中作物的需水量参考值来源于荏伟伟2011年的研究成果，并结合中国作物需水量研究的相关成果来确定。灌溉水量的实际值则结合当地农民的灌水习惯，并参照作物生长期内的需水量进一步确定。灌溉时期Ⅰ为河套灌区"一水"时期。河套灌区流域因其特殊的地势，土壤盐碱化严重。每年春季耕作前夕需要进行灌溉，一方面是为了降低土壤中的盐分含量，另一方面是为了加快土壤冰冻层的消融，为作物的播种做准备。灌溉时期Ⅴ为河套灌区秋浇时期，该阶段的灌水主要为了春季保墒，同时也起到一定的洗盐作用。灌溉时期Ⅱ～Ⅳ为各作物生长阶段所需灌溉水量的时期。表1-5-2给出各种作物的需水期灌溉水量的参考值和实际值。其中，参考值和实际值差别较大的是向日葵，根据当地农民的实地调查发现，向日葵整个种植生长期内一般情况下只灌1次或2次。该情况与荏伟伟的研究成果中向日葵灌水次数达4次区别较大，本书以实地调查结果为准，确定了向日葵实际灌溉时间及灌溉水量。

表1-5-2 作物生长需水期间的灌溉水量 单位：mm

灌溉时期	玉米		春小麦		向日葵		番茄	
	参考值	实际值	参考值	实际值	参考值	实际值	参考值	实际值
Ⅰ	145～160	120～145	135～150	130～160	180～200	160～200	145～160	160～180
Ⅱ	60～80	60～80	90～130	60～80	90～120	0	60～80	0
Ⅲ	110～130	110～140	0	0	105～140	140	100～110	100
Ⅳ	90～110	110	90～110	230	80～110	0	80～90	0
Ⅴ	250	180～240	260	180～240	260	180～240	250	180～240

注：灌溉时期Ⅰ是依据作物生长阶段（ⅰ）耕地，（ⅱ）拔节期，（ⅲ）种植小麦、玉米和向日葵前期；灌溉时期Ⅱ是依据3种作物的（ⅰ）拔节期，（ⅱ）钟状期，（ⅲ）蕾状期；灌溉时期Ⅲ和Ⅳ是依据（ⅰ）开花期，（ⅱ）灌浆期；灌溉时期Ⅴ是秋浇期。

将实际调查结果，调查主要区域（灌区平原西部的临河区、平原中部的五原县和平原东部的乌拉特前旗）、主要作物（玉米、春小麦、向日葵和番茄）的灌溉水量和灌溉时间，编辑后输入模型的管理模块。以2010年为例，表1-5-3列出了模型管理数据库中的农业管理措施，本书中将每次作物的灌溉水量进行了细化，每次的灌水持续7 d灌入田间，灌溉水量为7日平均值。SWAT模型管理模块将灌水量细化到HRUs级别上，因此每种作物的灌溉水量以mm表示。表1-5-3中的管理措施没有包括施肥操作，各作物的施肥方式主要依据当地农民耕作习惯，大多数作物均施加一次基肥。基肥的施用时间在各作物灌"一水"的前一个星期左右。

表 1-5-3　河套灌区的灌溉措施

作物	日期	管理措施	灌溉水量/mm
玉米	4 月 15 日	耕地	—
	5 月 1 日	播种	—
	5 月 19 日	灌溉	75
	6 月 27 日	灌溉	94
	7 月 10 日	灌溉	96
	8 月 10 日	灌溉	100
	9 月 20 日	收割	—
	10 月 15 日	秋浇	220
向日葵	5 月 2 日	灌溉	200
	5 月 20 日	耕地	—
	6 月 1 日	播种	—
	8 月 7 日	灌溉	100
	9 月 15 日	收割	—
	10 月 15 日	秋浇	220
春小麦	3 月 20 日	耕地	—
	4 月 1 日	播种	—
	5 月 2 日	灌溉	155
	5 月 25 日	灌溉	100
	7 月 1 日	灌溉	90
	7 月 20 日	收割	—
	10 月 15 日	秋浇	210
番茄	5 月 10 日	耕地	—
	6 月 5 日	灌溉	180
	5 月 20 日	播种	—
	7 月 20 日	灌溉	100
	8 月 10 日	收割	—
	10 月 14 日	秋浇	220

注:施肥操作在本表中没有列出,施肥的时间大约在第一次灌溉时间的前 1 个星期。

5.1.2　影响径流量的因素分析

河套灌区水资源来源绝大部分是平原区的灌溉，而平原区的水文循环过程主要是以灌溉-蒸发-下渗的方式为主，因此灌区流域的水文过程与灌区内灌溉水量和灌溉时间有着密切的联系。通过 2003～2013 年的月径流和降水量、灌溉水量对比分析，径流的峰值与年内的月降水量的变化趋势不同，径流峰值的高低与灌溉水量及时间存在一定的联系，如图 1-5-1 所示。夏季径流峰值出现在每年的 5 月，5 月是每年河套灌区春灌的开始时间，秋季的流量过程线峰值发生在 10 月中旬至 11 月上旬，与河套灌区秋浇的灌溉时间相一致。降水量的峰值在径流里没有体现，侧面地反映了灌区流域水文循环模式不以地表径流为主。计算流域内的水量平衡时，首先考虑平原区的农业管理措施（灌溉水量及时间），其次是降水径流。

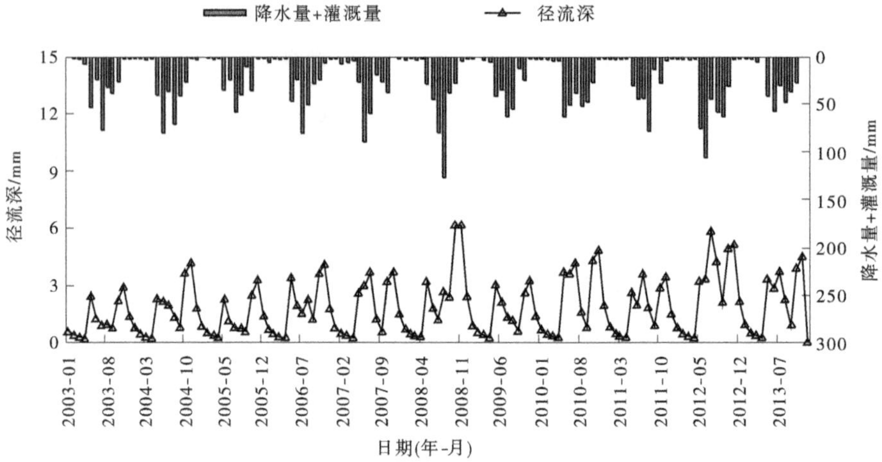

图 1-5-1　降水、灌溉与径流的对比

5.1.3　山区径流对总径流的影响

流域出口红圪卜扬水站径流量的变化与平原区灌溉措施密切相关，这是由河套灌区平原水文循环特征决定的。灌溉水经由灌溉渠道进入农田，后下渗至地下水再补给排干沟，最后经总排干沟汇入乌梁素海。灌溉水量巨大，决定了径流总的变化趋势与平原区灌溉管理措施相一致。虽然如此，但北部的山区径流的补给也不能忽视，从变化趋势的曲线上看，在作物生长期内非灌溉时期，即每年的 6～8 月的雨季，其径流量还有小峰值出现，因此山区径流对总径流的贡献占有一定的比例。

对于山区-平原区复合地貌流域，流域内的水量主要来源于两个部分：一部分是平原区灌溉退水，另一部分是山区的径流补给。总排干的退水也主要来源于这两部分。根据模型模拟结果，通过核算各子流域的出流量，统计出总排干退水各部分的占比及变化趋势，如图 1-5-2 所示。统计分析河套灌区总排干的排水量，大部分来自平原灌区的灌溉退水，另一部分则来自山洪的流入和山区的侧向补给。山洪的补给中大部分的贡献主要来自每年的雨季,多年峰值均出现在 7 月、8 月。分析 2007 年、2009 年和 2012 年的流量过程线,8 月径流量的峰值贡献主要来自山区径流的补给。通过计算可得山洪的径流量占全年总径流量的 28.4%。

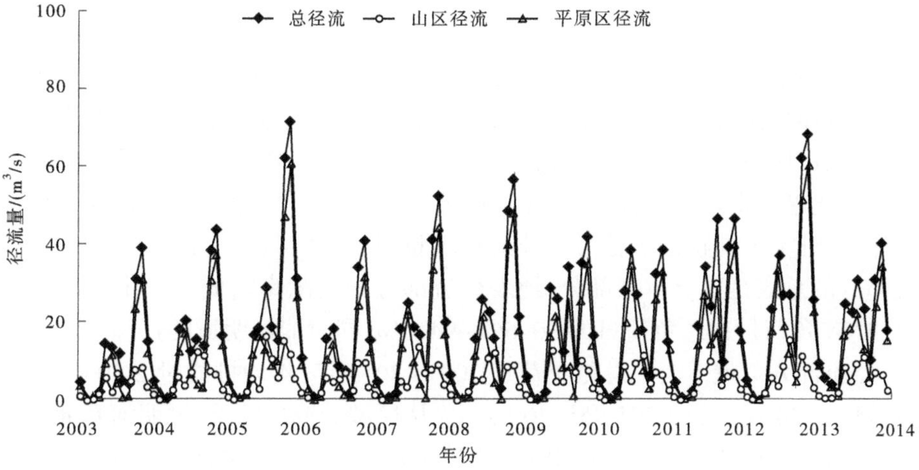

图 1-5-2　山区及平原区径流量

5.2　氮磷污染物的来源分析

5.2.1　空间位置上的变化

河套灌区流域的污染源主要有工业和生活点源、农业施肥、畜禽养殖和农村生活污染。农业施肥导致的污染需要特别重视,认清流域内主要污染源,对流域生态环境治理具有重要的指导意义。

除了分析氮磷流失在时间序列上的变化趋势,本书进一步分析了氮磷发生的来源,书中以子流域为单位,通过统计模拟期内各污染源产污量的年平均值,分析了面源污染在空间上的变化规律。

附图 7 显示总氮在空间上的负荷变化,氮元素的输出首先为来源于平原区流域中部以小麦地为主的子流域,其输出量在 4.5~9.0 kg/hm^2,平均值为 5.6 kg/hm^2;其次为东部流域的以向日葵地为主的子流域,其输出量在 1.5~4.5 kg/hm^2,平均值为 2.3 kg/hm^2;再次为中北部的以玉米地为主的子流域,输出量在 0.5~1.5 kg/hm^2,平均值为 1.3 kg/hm^2;最后为北部山区,输出量最低,其值范围为 0~0.5 kg/hm^2。进一步反映了氮的来源主要是平原区施肥,大量灌溉水量加剧了土壤侵蚀,增加了氮的流失负荷量。

附图 8 显示总磷在空间上的负荷变化,磷元素的输出首先为来源于以向日葵为主的子流域,其输出量在 0.5~1.1 kg/hm^2,平均值为 0.86 kg/hm^2;其次为以小麦地和玉米地为主的子流域,其输出量在 0.1~0.5 kg/hm^2,平均值为 0.25 kg/hm^2;再次为东北部山区小流域,输出量在 0.05~0.1 kg/hm^2,平均值为 0.75 kg/hm^2;北部山区的输出量最低,其值范围为 0~0.05 kg/hm^2。同时，说明磷的流失同样主要来源于平原区施肥，但东北部的山区流失对磷负荷也有一定的贡献。

5.2.2　不同水文路径的污染物贡献率以 TN 为例

由于磷多数吸附在土壤颗粒上，主要流失方式以土壤侵蚀为主。本书由于缺少泥沙数据，且磷的溶解态含量不大，因此在不同水文路径中的总磷负荷贡献暂不考虑。书中以 TN 为例，分析河套灌区不同水文路径中氮的贡献率。河套灌区总径流主要来源于 3 个部分，地下径流占比最大，其次是壤中流，最后是地表径流。依据前文分析，TN 的流失规律与径流的变化趋势密切相关，因此以 TN 为例，分析其年排放总负荷和强度。根据模型的输出统计，统计了不同路径下各污染源的贡献量，见表 1-5-4。从表 1-5-4 中可以看出，地下径流部分的总氮是主要贡献部分，地表径流部分的贡献率略低于壤中流部分。地下径流部分的 TN 负荷量占总负荷量的 90.6%~94.6%，同时能说明氮的迁移主要是以水为载体，地表径流部分贡献不大。总氮负荷从 2007~2013 年，年均排放量 2 306 760.45 kg/a。最大负荷量为 2010 年的 3 305 955.40 kg/a。从模型的输出结果，说明河套灌区的化肥使用量巨大，每年造成的氮排放量也很大，对下游生态环境的恶化有着直接的影响。

表 1-5-4　各部分总氮输出量

年份	地表径流部分/kg	壤中流部分/kg	地下径流部分/kg	年总量/kg
2007	51 652.47	73 448.72	1 206 370.50	1 331 471.70
2008	68 406.48	80 934.68	2 008 110.44	2 157 451.61
2009	60 144.20	74 075.39	1 783 767.61	1 917 987.21
2010	134 197.92	99 831.22	3 071 926.25	3 305 955.40
2011	55 372.15	67 091.02	2 109 677.98	2 232 141.16
2012	86 221.87	69 144.94	2 569 132.49	2 724 499.31
2013	64 285.71	68 538.88	2 344 992.15	2 477 816.76

如图 1-5-3 所示为总氮年均各部分排放强度，从强度上看最大的还是地下径流部分，其次是地表径流部分，最后是壤中流部分。从 2007~2013 年，氮的排放强度呈逐渐增大的趋势，尤其是地下径流部分，最高强度在 2013 年达到了 0.131 kg/hm^2。从氮的排放总负荷和强度两方面分析，治理河套灌区氮的排放需要从地下径流部分开始，减少氮的淋滤作用，防止其随表层地下水流失。

5.2.3　自然因子及人为因子相关性分析

为了分析氮、磷的流失与自然因子和人为因子的关系，表 1-5-5 将自然因子（降水）和人为因子（灌溉）与总氮、总磷进行了相关性分析。从表 1-5-5 中结果可以看出，总氮与径

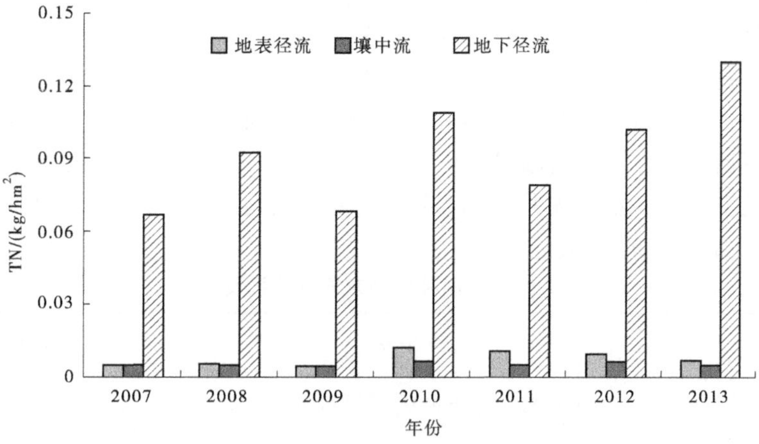

图 1-5-3　总氮年均各部分排放强度

流和灌溉的相关性较大，分别达到 0.82 和 0.61；总磷与降水的相关性极高，达 0.89。进一步证明了前面分析的正确性，氮的流失与人为因子灌溉、径流密切相关，磷的流失与降水密切相关，揭示了氮、磷流失的特点。

表 1-5-5　自然因子和人为因子与总氮、总磷的相关性分析

自然和农田因子	降水	灌溉	径流	总氮	总磷
降水	1				
灌溉	0.29	1			
径流	0.17	0.42	1		
总氮	0.07	0.61	0.82	1	
总磷	0.89	0.17	0.16	0.02	1

5.3　不同施肥方式对污染物负荷的影响

5.3.1　施肥方式的对比

施肥的种类主要分为基肥、种肥、追肥。基肥一般以有机肥为主，在播种前施用。种肥一般为速效氮肥和速效磷肥，在播种时随种子一同施入。追肥在农作物重要成长期追加施入，不同的农作物追肥的时间、数量和次数有所区别。在河套灌区农田区，氮磷的流失与施肥的方式也有着密切的相关性。本书根据调查结果，将两种施肥方式均应用于模型当中，进而模拟氮的流失量，对比氮的排放量来分析两种施肥方式的合理性。

本书的肥料施用现状一种是根据当地农民实用调查结果得来的,另一种则是当地小部分农民所采用的施肥方式。书中选择玉米和小麦两种主要作物进行情景分析,设置两种情景(见表 1-5-6),第一种情景是历史状况下每年肥料施用水平,对于玉米,氮肥 240 kg/hm^2、磷肥 140 kg/hm^2,对于小麦,氮肥 240 kg/hm^2、磷肥 120 kg/hm^2;第二种情景是分两次施肥,玉米是 5 月 2 日施加 25%的氮肥,8 月 5 日再施加剩余 75%的氮肥,小麦是 3 月 25 日施加 75%的氮肥,5 月 20 日施加剩余 25%的氮肥,然后模拟 TN 迁移的总量。

表 1-5-6　两种施肥方式的情景设置

情景分析		小麦		玉米	
		氮肥/(kg/hm^2)	磷肥/(kg/hm^2)	氮肥/(kg/hm^2)	磷肥/(kg/hm^2)
情景设置 1	种肥	240	120	240	140
	追肥	—	—	—	—
情景设置 2	种肥	180(75%)	120	60(25%)	140
	追肥	60(25%)	—	180(75%)	—

5.3.2　TN 负荷的对比和分析

根据两种情景设置,对比分析 TN 负荷量的变化。由表 1-5-7 可以看出,情景设置 2 的施肥方式能明显地削减 TN 负荷的量。通过计算两者的偏差值,发现最大削减百分比最高可为 13.51%。

表 1-5-7　两种情景设置下的 TN 负荷量

年份	TN 负荷/(kg/a)		偏差	
	情景设置 1	情景设置 2	kg/a	%
2007	2 169 849	2 159 243	10 606	0.49
2008	2 761 322	2 627 015	134 307	4.86
2009	2 053 212	1 870 884	182 328	8.88
2010	3 107 001	2 687 308	419 693	13.51
2011	2 290 798	2 125 518	165 280	7.21
2012	3 052 491	2 803 940	248 551	8.14
2013	3 352 640	3 182 378	170 262	5.08

除了总氮负荷量的对比,还进一步分析了 TN 在各部分径流中的削减程度,分别计算了地表径流、壤中流和浅层地下水在两种情景下的 TN 负荷量。从表 1-5-8 可以看出,削减最大的还是浅层地下水的 TN 负荷量,其次是壤中流部分,地表径流的负荷量几乎没有变化。从而说明灌区平原内的农业管理措施对污染物在地表径流中的迁移没有明显影响,最显著的影响是浅层地下水部分。综上可以看出种肥+追肥的施肥方式好于单一的种肥施肥方式,前者能有效地控制污染物的输出量,减缓污染物的流失量。

表 1-5-8　两种情景设置下径流各部分中 TN 负荷量

年份	地表径流		壤中流		浅层地下水	
	情景设置 1	情景设置 2	情景设置 1	情景设置 2	情景设置 1	情景设置 2
2007	111 559	111 559	120 599	120 216	1 484 862	1 474 638
2008	131 277	131 281	115 428	115 112	2 048 855	1 914 861
2009	102 715	102 715	107 947	107 716	1 515 218	1 333 120
2010	273 674	273 674	154 168	153 468	2 421 658	2 002 663
2011	241 752	241 752	110 323	110 078	1 758 742	1 593 709
2012	218 655	218 683	144 808	144 494	2 267 956	2 019 691
2013	155 995	155 995	111 921	111 384	2 875 414	2 705 689

5.4　本章小结

河套灌区人为活动(灌溉水量、灌溉时间、施肥量及施肥时间)对灌区内径流量和氮磷污染物的运移影响巨大。灌区内的水文循环靠灌溉排水驱动,本章分析了灌溉量和灌溉时间对径流量的影响。通过模拟结果和实测径流的对比,确定灌溉量和灌溉时间是造成径流峰值的主要原因,5 月、6 月的径流峰值出现在种植作物前期灌溉时间,10 月、11 月的径流峰值出现在河套灌区秋浇时期。进一步分析了径流量来源,结果显示,平原区浅层地下水是主要来源,但山区的径流量也不能忽略,其径流的贡献约为 28%。在考虑全流域的水量平衡时,不能忽略山区的径流量。

分析了污染物来源的空间变化,结果显示,TN 贡献主要来源于灌区平原中部的小麦地,TP 贡献主要来源于东部的向日葵地和东北部山地流失,确定了灌区平原区的施肥是氮、磷污染的主要来源。本章以 TN 为例,通过分析 2007~2013 年氮元素在地表径流、壤中流和浅层地下水的流失强度,计算出浅层地下水部分氮的流失强度最大,达 0. 131

kg/hm^2。最后设置了两种情景下的施肥方式：一是现状条件下的单一种肥施肥方式，另一种是种肥+追肥的施肥方式。以小麦和玉米为例，比较了两种情景下的 TN 负荷量。结果发现，种肥+追肥的施肥方式能有效地削减氮的流失量，削减率达到 13.51%，其中削减的主要部分为浅层地下水部分，地表径流部分几乎没有影响。

6　基于 SWAT 模型的总量控制技术方法

基于分布式水文模型研究的灌区流域的面源污染是为了有效地控制和合理地管理污染物的流失。流域污染物负荷是否超标主要是通过计算其输出结果的水环境容量大小与目标水质标准下的水环境容量进行比较的,超过标准水质下的水环境容量则认为污染物负荷量超标。有效地控制污染物负荷量的方法是对水环境容量进行合理公平的分配,通过分配到各区域的水环境容量来控制其污染物排放量。在我国,目前大多数流域还没有完善的河流湖泊污染物浓度的连续监测数据,水环境容量达不到动态的评估,无法及时地反映污染物负荷对流域水生态系统的影响。因而合理地利用分布式水文模型可以克服这一困难。分布式水文模型在数据的输出上具有连续性和可读性,不仅可以利用模型的输出结果动态地评估流域内水环境容量的大小,同时因其管理措施具有较强的操作性,可以将水环境容量分配结果概化进模型,用模型的输出结果验证分配结果的合理性。

流域内地表水体主要以湖库为主,我国的湖泊主要受富营养化和有机物污染,尤其是灌区湖泊,来自上游农田的退水挟带大量的营养物质氮、磷进入湖泊水体,是造成水体富营养化的主要影响因子。目前,我国学者在研究湖泊氮、磷水环境总量时,多采用的是零维模型,认为污染物在湖泊水体中是完全混合的。常见的模型有 Dillon 模型、OECD 模型和合田健模型。本章在河套灌区流域面源污染现状分析的基础上,对富营养化水平较高,富营养化指数为 46~52 的乌梁素海,采用 Dillon 模型计算其水环境容量,运用权重分配法对水环境总量进行公平性分配,并采用 SWAT 模型对分配结果进行合理性验证。

6.1　动态水环境容量计算

6.1.1　水环境容量的基本理论

水环境容量是一种衡量水生态环境和社会经济活动关系密切程度的度量尺度,同时也是水环境管理和水污染物总量控制的基本依据和关键约束条件。对于水环境容量的概念,多数学者认为水环境容量是指特定水体保证自身水环境功能完好,且在目标环境约束条件下,单位时间连续容纳最大的污染物负荷量。从概念的本身可知,水环境容量与水体属性、目标环境约束条件和污染物属性相关。

水环境容量按属性分类可以分为两类:一类是自然环境容量,另一类是管理环境容量。自然环境容量是以水环境背景值作为目标环境约束条件的。水环境容量的背景值需要经过大量的生态实地试验调查和室内试验分析,计算难度较大,因此在研究过程中一般不采用自然环境容量。管理环境容量则是以水环境标准值作为约束条件的,除与自然环境因素有关外,还与人为活动、社会经济等因素相关。管理环境容量会因自然环境的水文条件和水质标准值的变化而改变,它是与区域内实际的径流水文条件、水质量化标准和污染物分布状态相关的变量,因此管理环境容量可以随水质指标标准的降低或升高,设计条件下的水文状况的变化而变化。一般书中提到的水环境容量都指管理环境容量。

水环境容量按组成可以分3类,分别是存储容量、输移容量和自净容量。主要因为水体的物理及生物理化作用,水体通过存储、输移和污染物降解作用过程中,存在自身净化的能力。存储容量是指污染物经过稀释和沉淀作用后,水体污染物浓度达到标准值时容纳的污染物量;输移容量是指污染物在流动水体中随水流和泥沙移动的量,也可反映水体的污染物运移能力;自净容量是指水体对污染物的降解能力。

随着水环境容量的研究技术、自身理论不断地改进和深化,同时模型的运用与开发使得其管理功能进一步地更新和完善,使得决策部门和相关单位在区域内水污染现状评价、产业布局规划和水环境质量标准制定上具有重要的参考和依据。

6.1.2　湖泊水环境容量的计算

湖泊水体作为最重要的地表水资源,其水环境问题一直是全球关注的重点。湖泊的富营养化问题是水污染治理中的难题。氮、磷是引起湖泊水库等地表水富营养化的主要因子,控制湖泊水体氮、磷的输入和浓度是防治富营养化的关键。对于湖泊水环境容量,原则上应采用三维的水质模型进行描述和计算,但在实际应用和计算中难度较大,因此针对各湖泊的实际条件将计算模型进行简化。对于面积小且水深较小的湖泊和水库,污染物进入水体中在水流和风力等自然因素的作用下,很快能达到均匀混合状态,这种湖泊水库的水环境容量计算一般采用输入输出的零维模型。常见的湖泊富营养化水质容量模型分别有美国学者开发的 Vollenweider 模型和改进后的 Dillon 模型,日本学者的合田健模型以及国际经济协作与开发组织的 OECD 模型。其计算原理基本一致,即

$$W = Q_0(C_s - C_0) + KVC_s + qC_s \tag{1-6-1}$$

式中:C_s 为水质标准浓度值;Q_0 和 C_0 分别为入口断面的水量和水质浓度;K 为降解系数;V 为水体的体积。其中,$Q_0(C_s - C_0)$ 也称作储存容量,qC_s 为迁移容量,KVC_s 为自净容量。储存容量和迁移容量有公认的计算公式较容易获得,而自净容量存在降解系数 K 这个经验参数,且该 KVC_s 计算出来的环境容量是理想状态下的极值,没有考虑实际自然因素对湖泊水体的影响,且降解系数难以准确地确定。因此,在计算湖库的自净容量时,应依据水体中污染物质的质量平衡,结合长序列的水文条件,在污染物输入、输出以及湖泊维持自身稳定状态的情况下进行计算,其平衡方程计算公式如下:

$$W_\rho = W_{in} - W_{out} + W_q \tag{1-6-2}$$

式中:W_ρ 为水体中污染物的自然降解量;W_{in} 为入湖的污染物负荷量;W_{out} 为出湖的污染物量;W_q 为入湖污染物滞留量。

式(1-6-2)中的 W_ρ 不是理论意义中的湖泊自净容量,当入湖污染物浓度达标未超过湖泊水质标准值时,W_ρ 为湖泊水体的自净容量;而当入湖污染物浓度大于湖泊水质标准值时,W_ρ 为现状水质条件下的降解量非自净容量。

在模型的选择上,Dillon 模型在 Vollenveider 模型的基础上,以污染物滞留系数代替了降解系数,且污染物滞留系数可以通过入湖和出湖的污染物总量计算得到,解决了降解系数 K 难以确定的问题。OECD 模型主要属于经济学范畴,合田健模型与 Vollenveider 模

型一样存在降解系数的难题，所以本书通过 Dillon 模型来进行乌梁素海水环境容量的估算。Dillon 模型的详细描述如下：

$$C = \frac{L(1 - R)}{\overline{Z}(Q_{出} / V)} \tag{1-6-3}$$

水环境容量模型为

$$W = \frac{A\overline{Z}C_s(Q_{出} / V)}{1 - R} \tag{1-6-4}$$

其中，$R = 1 - \frac{W_{出}}{W_{入}}$。

式中：L 为总磷、总氮单位时间、单位面积的允许负荷量，$g/(m^2 \cdot a)$；C_s 为水质标准浓度值，mg/L；C 为水体中污染物的平均浓度，mg/L；$\overline{Z}$ 为湖泊、水库的平均水深，m；R 为污染物的滞留系数；$Q_{出}$ 为出湖、库水量，m^3/a；$W_{入}$ 和 $W_{出}$ 为入湖、库和出湖、库的污染物量，g/a；V 为水体体积，m^3；A 为水体面积，m^2。

6.2　乌梁素海水环境容量的计算

6.2.1　乌梁素海水文特性分析

乌梁素海作为河套灌区水利工程的重要组成部分，其水文循环特性与灌区灌排措施密切相关。20 世纪 60 年代初乌梁素海湖水总面积约为 560 km^2，1960~1976 年，随着灌区农业的发展，大规模的开荒和围湖造田使得湖泊面积下降至 220 km^2。近些年，河套灌区着力发展灌区内的灌溉排水工程，修缮和新建了引水排水干渠，使得乌梁素海的入湖水量得到保障。相关数据表明，1980~2010 年，灌区的净引水量稳定维持在 48 亿~53 亿 m^3，泄水量维持在 1.2 亿 m^3，乌梁素海的湖泊水域面积维持在 285 km^2 左右。

据 2011 年卫星遥感图像解译，乌梁素海现有明水区面积为 120.06 km^2，水草区域面积为 101.54 km^2、芦苇面积为 166.21 km^2，总水域面积为 387.801 km^2，湖泊明水区面积占总水域面积的 1/3 左右。湖水的平均海拔控制高程为 1 018.5 m，平均水深为 0.7 m，湖泊容量为 2.5 亿~3 亿 m^3。从湖泊的特征形态上看，乌梁素海是南北长、东西窄的狭长形湖泊，南北长约 36 km，东西宽约 8 km，湖岸线长 130 km。湖泊多年平均形态特征参数如表 1-6-1 所示。

表 1-6-1　乌梁素海多年平均形态特征参数

形态特征参数	数值	形态特征参数	数值
最大直线长度	36 km	岛屿率	6%
最大宽度	12 km	容积	3.3 亿 m^3
平均宽度	8.15 km	平均水深	0.7 m
海岸线发展系数	2.14	湖盆形状特征系数	22.1
湖周岸线长度	130 km	湖水滞留时间	160~200 d

根据韦玮课题组的研究成果，统计出乌梁素海 2003～2013 年 11 年间湖泊的平均水深、入出湖水量和水面面积等水文条件特征值，具体数据如表 1-6-2 所示。

表 1-6-2　历年湖泊特征值

年份	平均水深/m	入湖水量/亿 m^3	出湖水量/亿 m^3	湖泊面积/km^2
2003	1. 26	3. 768	0. 268	339. 915
2004	1. 62	4. 808	0. 855	396. 030
2005	1. 27	3. 542	0. 110	350. 742
2006	1. 31	4. 216	0. 394	325. 587
2007	1. 35	5. 174	1. 375	367. 325
2008	1. 49	6. 496	2. 051	287. 516
2009	1. 65	5. 128	1. 803	388. 089
2010	1. 67	5. 765	3. 112	323. 312
2011	2. 03	4. 916	1. 508	387. 801
2012	2. 45	6. 219	2. 130	399. 425
2013	2. 34	4. 868	2. 726	391. 250

6. 2. 2　湖泊水环境容量的计算

依据 Dillon 模型，首先统计出模型中各参数值。如乌梁素海水面面积 A，平均水深 $\overline{Z}$，湖泊容积 V，营养物质 TN、TP 的入湖和出湖总量（$W_{入}$、$W_{出}$），TN 和 TP 的污染物滞留系数 R_{TN} 和 R_{TP} 等参数。结合表 1-6-2 分别计算了 2003～2013 年乌梁素海水环境容量的湖泊特征值，分别计算出各年的模型参数，结果如表 1-6-3 所示。

表 1-6-3　乌梁素海水环境容量计算参数值

年份	A/m^2	V/m^3	$\overline{Z}/m$	R_{TN}	R_{TP}	$W_{TN出}$/(g/a)	$W_{TP出}$/(g/a)	$W_{TN入}$/(g/a)	$W_{TP入}$/(g/a)
2003	3.4×10^8	4.3×10^8	1. 26	0. 95	0. 96	2.3×10^9	2.4×10^7	4.2×10^{10}	5.7×10^8
2004	4.0×10^8	6.4×10^8	1. 62	0. 90	0. 82	3.8×10^9	2.6×10^7	4.0×10^{10}	1.4×10^8
2005	3.5×10^8	4.5×10^8	1. 27	0. 72	0. 74	8.0×10^8	1.4×10^7	1.8×10^8	5.3×10^8
2006	3.3×10^8	4.3×10^8	1. 31	0. 78	0. 82	1.1×10^9	3.5×10^7	1.8×10^{10}	1.1×10^9
2007	3.7×10^8	5.0×10^8	1. 35	0. 91	0. 84	1.8×10^9	9.6×10^7	4.0×10^{10}	6.2×10^8
2008	2.9×10^8	4.3×10^8	1. 49	0. 80	0. 86	5.3×10^9	2.3×10^8	2.7×10^{10}	1.6×10^9
2009	3.9×10^8	6.4×10^8	1. 65	0. 81	0. 76	5.0×10^9	2.7×10^8	3.1×10^{10}	1.6×10^9
2010	3.2×10^8	5.4×10^8	1. 67	0. 79	0. 85	3.7×10^9	1.6×10^8	2.4×10^{10}	4.6×10^9
2011	3.9×10^8	7.9×10^8	2. 03	0. 79	0. 87	3.8×10^9	9.0×10^7	1.8×10^{10}	2.2×10^9
2012	4.0×10^8	9.8×10^8	2. 45	0. 87	0. 78	2.0×10^9	1.9×10^8	1.6×10^{10}	2.5×10^9

续表 1-6-3

年份	A/m^2	V/m^3	$\bar{Z}/m$	R_{TN}	R_{TP}	$W_{TN出}$/(g/a)	$W_{TP出}$/(g/a)	$W_{TN入}$/(g/a)	$W_{TP入}$/(g/a)
2013	3.9×10^8	9.2×10^8	2.34	0.74	0.90	2.9×10^9	6.3×10^7	1.1×10^{10}	6.3×10^8

根据水环境容量参数的计算值,依据地表水水质Ⅲ类标准,即(C_{TN} = 1.0 mg/L 和 C_{TP} = 0.05 mg/L),采用式(1-6-4)的 Dillon 模型计算乌梁素海 2003~2013 年的水环境容量,计算结果如表 1-6-4 所示。据表 1-6-4 中数据分析,乌梁素海多年来平均 TN 的水环境容量约为 980 t/a,TP 的水环境容量约为 140 t/a。

表 1-6-4　Dillon 模型满足Ⅲ类水条件下的环境容量的对比值　　单位:g/a

年份	TN	TP
2003	5.02×10^8	3.14×10^7
2004	8.82×10^8	1.35×10^8
2005	3.94×10^8	6.73×10^7
2006	6.33×10^8	1.20×10^8
2007	1.51×10^9	1.67×10^8
2008	1.05×10^9	2.34×10^8
2009	9.34×10^8	1.07×10^8
2010	1.48×10^9	1.92×10^8
2011	7.22×10^8	1.87×10^8
2012	1.66×10^9	1.41×10^8
2013	1.07×10^9	2.46×10^8

6.3　各区域单元的水环境容量总量分配

区域内各单元的总量分配是依据单元内经济效益及污染物削减任务将水环境容量按照公平和效益的原则分配到各单元的过程。本节采用权重分配模型,充分考虑社会、经济和土地面积等因素,对水环境总量进行分配,同时利用基尼系数法对分配结果的公平性进行评价,找出合理公平的分配方案。

6.3.1　分配模型权重的计算

为了保证水环境总量分配结果具有较好的操作性,分配模型将社会人口、国内生产总值(GDP)、单元内污染物排放贡献量和单元所占的土地面积作为主要考虑因素,通过权重的分配对水环境总量进行分配。整个分配过程中需遵循公平和效益的原则,才能客观地反映分配结果,体现了经济性、社会性和历史性。分配模型如下:

$$W_i = W \times (\alpha_1 S_i + \alpha_2 E_i + \alpha_3 D_i + \alpha_4 T_i) \tag{1-6-5}$$

$$S_i = \frac{S_i^1}{\sum_{i=1}^{n} S_i^1} \quad E_i = \frac{E_i^1}{\sum_{i=1}^{n} E_i^1} \quad D_i = \frac{D_i^1}{\sum_{i=1}^{n} D_i^1} \quad T_i = \frac{T_i^1}{\sum_{i=1}^{n} T_i^1} \tag{1-6-6}$$

式中：W 为湖泊水体的剩余环境容量，t/a；W_i 为第 i 个控制单元分配到的水环境容量，t/a；S_i 为第 i 个单元的社会效益系数；S_i^1 为第 i 个单元总人口数；E_i 为第 i 个单元经济效益系数；E_i^1 为第 i 个单元的 GDP 产值，万元；D_i 为第 i 个单元的污染物排放贡献率；D_i^1 为第 i 个单元的污染物排放量，t/a；T_i 为第 i 个单元的土地效益系数；T_i^1 为第 i 个单元的土地面积大小，km^2；α_1、α_2、α_3 和 α_4 为各指标的权重。

6.3.1.1　效益系数的计算

该分配模型包含 4 个效益系数，依据式(1-6-6)分别计算各分配系数，本节研究的分配结果以河套灌区 2012 年的年鉴统计资料为基础，查得 2012 年河套灌区各县(市、区)包括临河区、五原县、磴口县、乌拉特前旗、乌拉特中旗、乌拉特后旗和杭锦后旗各自总人口、GDP 以及土地面积资料，以及 2012 年各县(市、区)TN 和 TP 的排放量分别作为社会效益系数 S_i 、经济效益系数 E_i 、土地效益系数 T_i 和污染物排放贡献率 D_i 。各行政区划内指标系数的计算结果见表 1-6-5。

表 1-6-5　各地区效益系数值　　%

地区	社会效益系数	经济效益系数	土地效益系数	污染物排放贡献率
临河区	32.64	29.38	3.55	39.92
五原县	16.11	12.11	3.76	10.37
磴口县	6.42	6.31	6.29	5.22
乌拉特前旗	17.48	15.11	11.28	25.62
乌拉特中旗	8.15	12.66	34.86	4.15
乌拉特后旗	3.92	8.06	37.62	3.04
杭锦后旗	15.28	16.37	2.64	11.68

6.3.1.2　权重确定

分析各指标权重的大小一般会进行一次等比例分配，本书中有 4 个指标，因此各指标的分配权重均为 25%。以等比例为参考，结合区域实际情况，对各指标的权重值进行调整。首先考虑社会因素和经济因素对分配结果的影响，可以适当地增加社会因素或经济因素的权重，然后分析土地面积及排污负荷对分配结果的影响。书中给出了 4 种分配方案，同时计算了各分配方案下的基尼系数用以评价分配结果的公平性。

通过以往的研究，社会效益和经济效益是影响水环境容量的主要因素，因此书中主要考虑了两者的增加或降低对其的影响。详细的分配方案如下：①方案 A。本着公平原则，对各指标进行等比例分配，各指标均占 25%。②方案 B。考虑以社会因素和经济因素为主要影响因子，适当提高两者的权重值进行分配。③方案 C。以土地面积和排污负荷为主要影响因素，适当提高相应权重值进行分配。④方案 D。以在等比例分配的基础上适当提高人口、GDP 权重进行分配,则各分配方案见表 1-6-6。

表 1-6-6　各方案权重分布

方案	社会效益	经济效益	土地效益	污染物排放贡献率
A	0.25	0.25	0.25	0.25
B	0.3	0.4	0.2	0.1
C	0.1	0.2	0.3	0.4
D	0.4	0.45	0.1	0.05

6.3.2　容量初始分配结果

按照上述的 A、B、C、D 4 种方案分别对临河区、五原县、磴口县、乌拉特前旗、乌拉特中旗、乌拉特后旗和杭锦后旗各区域单元进行 TN 与 TP 初始总量分配,分配计算公式按照式(1-6-5)进行,其单位均按 t 计。初始分配结果见表 1-6-7 和表 1-6-8。

表 1-6-7　各地区 TN 容量初始分配结果　单位:t

方案	地区							总量
	临河区	五原县	磴口县	乌拉特前旗	乌拉特中旗	乌拉特后旗	杭锦后旗	
A	259.67	104.26	59.67	171.06	147.22	129.59	113.15	984.61
B	258.42	112.91	61.34	158.59	146.64	120.42	126.29	984.61
C	257.71	91.67	57.89	181.20	152.23	142.84	101.07	984.61
D	281.87	125.92	62.00	159.52	124.54	89.72	141.04	984.61

表 1-6-8　各地区 TP 容量初始分配结果　单位:t

方案	地区							总量
	临河区	五原县	磴口县	乌拉特前旗	乌拉特中旗	乌拉特后旗	杭锦后旗	
A	39.03	15.67	8.97	25.71	22.13	19.48	17.01	148.00
B	38.84	16.97	9.22	23.84	22.04	18.10	18.98	148.00
C	38.74	13.78	8.70	27.24	22.88	21.47	15.19	148.00
D	42.37	18.93	9.32	23.98	18.72	13.49	21.20	148.00

6.3.3　评估方法以及评估结果

6.3.3.1　评估方法

书中采用基尼系数法对分配结果进行公平性评估。基尼系数是一个经济学概念,它是通过绘制洛伦茨曲线计算得来的,在经济学里可以反映社会收入的公平性。基尼系数的取值范围为 0~1,依据国际规定,如果基尼系数值低于 0.2,则表示社会收入绝对平均;若其值高于 0.5,则表示社会收入悬殊。书中通过计算各分配方案的基尼系数,若其值低于 0.2,则说明该分配方案是公平的。

6.3.3.2 **公平性评估结果**

在分配结果评估过程中,选择区域内人口数、GDP、土地面积及排污量为分配指标,分别计算单位人口、单位 GDP、单位土地面积和单位污染物排放贡献率下的百分比,通过递增的顺序进行排列,然后分别与累计的人口比、GDP 比、土地面积比和污染物排放贡献率进行相关计算,得到 4 种方案下的各指标的基尼系数。

基尼系数的计算公式如下:

$$G_n = 1 - \sum_{i=1}^{n} (X_i - X_{i-1})(Y_i + Y_{i-1}) \tag{1-6-7}$$

式中:X_i 为评估指标的累计比(%);Y_i 为累计污染物比(%);i 为分配对象数量,当 $i = 1$ 时,$(X_{i-1}, Y_{i-1}) = (0,0)$。

根据结果(见表 1-6-9),方案 D 的基尼系数值最小,因此采用方案 D 的权重分配法进行分配:人口权重占 0.4,GDP 权重占 0.45,土地面积权重占 0.1,污染物排放贡献权重占 0.05。

表 1-6-9 各方案下各指标的 G_n 值

方案	G_n 值			
	社会效益	经济效益	土地效益	污染物排放贡献率
A	0.21	0.13	0.53	0.28
B	0.19	0.10	0.55	0.29
C	0.25	0.16	0.50	0.28
D	0.12	0.04	0.61	0.25

按照方案 D 的分配结果,将各地区总量分配的值概化为各地区出口处的输出值,进行下一步模型验证。

6.4 基于 SWAT 模型的总量分配方案可行性验证

首先,利用 SWAT 模型的输出断面或出口点的流量和水质浓度结果,对河套灌区流域的水环境容量进行计算;其次,将总量分配到各控制单元;最后,将分配的总量以现有排污口和假设排污口的方式代入 SWAT 模型,通过检测断面的出口浓度来验证总量控制方案的可行性。

河套灌区流域的总量分配方案是按行政区划为单位进行计算的,而灌区流域内的污染物主要来源于平原区农业活动的施肥。因此,考虑先将流域的子流域按照行政区划进行划分,然后分配到各子流域的单元里面。附图 9 为划分出各行政区划所包含的子流域图。

为了在 SWAT 下验证总量分配的可行性,把控制单元总量分配的结果分配到各子流域中。子流域按其污染物排放量贡献的大小,根据分配到其行政区划的总量按比例进行缩减。各行政区划环境容量分配按总环境容量的 80%进行分配，考虑到划分的子流域氮磷的主要污染源来源于临河区、五原县、磴口县、杭锦后旗这 4 个地方，因此将计算出来的子流域划分入这 4 个行政区划，TN 和 TP 的分配结果如表 1-6-10 所示。

表 1-6-10　总量利用率为 80%的各行政区域总量分配　单位：t

方案	地区			
	临河区	五原县	磴口县	杭锦后旗
TN	348.89	163.27	97.11	178.41
TP	52.44	24.54	14.60	26.82

根据各行政区分配到的环境容量，再按各区划内子流域的排放占总行政区划的百分比分配到子流域当中，结果如表 1-6-11 所示。具体步骤如下：

(1)统计各子流域内的各形态氮磷的排放量，主要包括有机氮 OrgN、地表径流中的氮 N_surf、壤中流中的氮 N_lateral、地下水中的 N_groundwater；有机磷 OrgP、土壤磷 SoilP、沉积物中的磷 SedP、地下水中的磷 groundwaterP。

(2)根据行政区划图和子流域图，统计各行政区划包含的子流域数量。

(3)计算每个行政区划中子流域氮、磷排放量的百分比。

(4)根据百分比，经各行政区划分配到的环境容量划分到各子流域当中。

表 1-6-11　各子流域分配的负荷量

行政区划	子流域编号	TN 负荷量/t	TP 负荷量/t	TN 占比/%	TP 占比/%	TN 分配量/t	TP 分配量/t
临河	11	2.62	0	0	0	0	0
	12	122.38	0	0.09	0	31.40	0
	15	272.04	20.74	0.20	0.23	69.78	12.06
	26	579.41	41.19	0.43	0.45	150.02	23.60
	37	355.67	30.00	0.27	0.33	94.20	17.31
五原	6	5.26	0.10	0.02	0	3.27	0
	17	4.57	0	0.02	0	3.27	0
	35	64.62	26.35	0.28	0.27	45.72	6.63
	36	45.71	17.94	0.20	0.19	32.65	4.66
	44	107.24	51.70	0.47	0.54	76.74	13.25
磴口	54	30.90	0.02	0.18	1	17.48	14.60
	55	143.69	0	0.82	0	79.63	0

续表 1-6-11

行政区划	子流域编号	TN 负荷量/t	TP 负荷量/t	TN 占比/%	TP 占比/%	TN 分配量/t	TP 分配量/t
杭锦后旗	14	1.57	0.01	0	0	0	0
	22	7.09	0.01	0.02	0	3.57	0
	25	53.76	16.87	0.13	0.21	23.19	5.63
	30	1.46	0.42	0	0.01	0	0.27
	40	0.08	0	0	0	0	0
	48	27.60	10.17	0.07	0.13	12.49	3.49
	50	0	0	0	0	0	0
	52	268.29	35.51	0.65	0.45	115.97	12.07
	53	49.90	16.19	0.12	0.20	21.41	5.36

将各子流域划分到的环境容量值代入 SWAT 模型当中,平原区内的氮、磷来源主要是施肥措施,因此根据施肥量和排放比例,将划分到的环境容量值转化为施肥量,输入 SWAT 模型中。保持模型各种参数不变,然后再一次进行水质的模拟,模拟结果见表 1-6-12。

表 1-6-12　模拟 TN、TP 负荷量

年份	TN 负荷量/t	TP 负荷量/t
2007	446.37	21.02
2008	642.78	31.25
2009	323.20	17.97
2010	476.92	24.18
2011	357.67	18.45
2012	725.55	35.29
2013	437.53	16.47

依据 TN、TP 负荷量的模拟结果,若每年入乌梁素海水量不低于 5 亿 m^3,则可以满足用于景观娱乐的Ⅲ类水用水标准的要求。模拟结果可以说明水环境容量分配结果的合理性,同时也为区域面源污染物的治理提供了参考。严格和合理地控制临河区、五原县和杭锦后旗的施肥方式和施肥量是改善污染物负荷输出的有效途径,分配结果和模拟结果给相关部门能提供一个环境治理的参考。

6.5　本章小结

本章在第 4 章和第 5 章对流域内的径流和氮磷负荷模拟的基础上，估算了流域内乌梁素海的水环境容量，通过动态水环境容量的计算，能合理地削减各行政区划内其子流域氮磷施肥量，从而控制子流域内氮磷的输出量。

计算水环境容量方法采用输入输出的零维 Dillon 模型计算出乌梁素海在景观用水Ⅲ类水质条件下的水环境容量，TN 和 TP 的水环境容量分别为 980 t/a 和 140 t/a。然后设置了 4 种条件下的总量分配，分别考虑了人口的社会效益、GDP 的经济效益、土地面积的土地效益和污染物排放的贡献率。通过基尼系数法评价 4 种方案的合理性，最后确定方案 D 最为合理。

按方案 D 对乌梁素海的水环境总量进行分配，计算出了临河、五原、磴口、杭锦后旗 4 个行政区的水环境总量。结合构建的 SWAT 模型，对分配的结果进行一次模拟，结果显示 2007~2013 年排污负荷在入湖水量不低于 5 亿 m^3，水质能达到景观水用水标准。分配方案可为当地部门控制污染物的排放提供依据和参考。

7 结论与展望

7.1 结 论

本书基于 SWAT 模型对河套灌区流域进行了径流、氮磷污染负荷的模拟研究。通过率定验证后的模型,对流域内主要水体乌梁素海的水环境容量进行了计算和验证。通过野外调查取样、资料收集和计算以及室内试验的指标测定,成功地构建了河套灌区流域的分布式水文模型。

(1)大型灌区分布式水文模型的构建。

在摸清各子模型所需的参数前提下,以 SWAT 模型所需基本的空间数据和属性数据为基础,构建初始化了复杂的地势地貌和剧烈的人为活动的河套灌区流域分布式水文模型。以流域水量平衡为基础,书中提出了以修正系数的方法对模型的空间数据 DEM 进行预处理,联合"Burn-in"算法和"高程增量叠加算法",合理划分了河套灌区流域的子流域边界,同时借助 ArcGIS 平台和土地利用图划定了流域外边界。

(2)河套灌区径流量及氮、磷污染物的模拟评价。

灌区内水文循环基本靠的是灌区内的灌排水系。通过收集多年的径流实测资料及实验室测定的氮、磷浓度数据,对构建的 SWAT 模型进行了率定和验证。书中利用 2003~2013 年的逐月径流量,2007~2013 年的氮、磷数据,采用模型评价指标 R^2、NSE 和 PBIAS 对模型进行适用性评价。径流模拟评价指标率定期内 R^2 和 NSE 的值分别为 0.82、0.78,验证期内 R^2 和 NSE 值分别为 0.80 和 0.77。总氮模拟中,模型率定期内 NSE 和 R^2 值分别为 0.63 和 0.67,验证期内 NSE 和 R^2 值分别为 0.48 和 0.50,相对偏差在率定期和验证期内不超过 10%;总磷模型过程中,模型率定期内 NSE 和 R^2 值分别为 0.64 和 0.66,验证期内 NSE 和 R^2 值分别为 0.42 和 0.51,相对偏差在率定期和验证期内没超过 40%,说明模型模拟结果可信可行,能适用于河套灌区复杂地貌的流域。

(3)河套灌区污染物负荷的模拟及影响因子分析。

讨论了河套灌区人为活动(灌溉水量、灌溉时间、施肥量及施肥时间)对灌区内径流量和氮磷污染物运移的影响,分析了灌溉水量和灌溉时间对径流量的影响。通过模拟结果和实测径流的对比,确定灌溉水量和灌溉时间是造成径流峰值的主要原因,5 月、6 月的径流峰值出现在种植作物前期灌溉时间,10 月、11 月的径流峰值出现在河套灌区秋浇时期,并分析了径流量来源,结果显示平原区浅层地下水是主要来源,同时利用相关性分析自然因子(降水)、人为因子(灌溉)与 TN 和 TP 的相关性,结果显示 TN 与灌溉和地表径流的相关性,相关系数较大,均大于 0.6;TP 只与降水相关性较高,相关系数为 0.89。

分析了污染物空间分布特征,结果显示 TN 贡献主要来源于灌区平原中部的小麦地,TP 贡献主要来源于东部的向日葵地和东北部的山地流失。在营养物的流失方面,以 TN

为例,分析了 2007~2013 年氮元素在地表径流、壤中流和浅层地下水中的流失强度,计算出浅层地下水部分氮的流失强度最大为 0.131 kg/hm^2。

探讨了两种情景下的施肥方式:一种是现状条件下的单一种肥施肥方式,另一种是种肥+追肥的施肥方式。以小麦和玉米为例,比较了两种情景下的 TN 负荷量。结果发现种肥+追肥的施肥方式能有效地削减氮的流失量,削减率达到 13.51%,其中削减的主要部分为浅层地下水部分,地表径流部分几乎没有受到影响。

(4)利用 SWAT 模型验证水环境容量动态分配的合理性。

基于模型模拟的月污染物负荷数据,采用 Dillon 模型计算评价乌梁素海的水环境容量,利用基尼系数法评价各行政区内水环境容量分配的合理性。以人口的社会效益、GDP 的经济效益、土地面积的土地效益和排污负荷的贡献为权重,制订了 A、B、C、D 4 种方案。评价结果表明方案 D(以社会效益和经济效益为主)最为公平,采用方案 D 对环境容量进行分配。

将方案 D 的分配结果代入模型进行验证,模型模拟结果显示,分配是合理可行的,在每年入海水量不低于 5 亿 m^3 时,入海口的水质能达到景观用水的Ⅲ类水水质标准。

7.2　展　望

(1)本书由于前期资料的限制,采用 90 m 的 DEM 图和中国科学院 1:100 万土壤图,数据的精度在后续研究中可以继续提高,目前有较多的研究均发现提高 DEM 的分辨率对水循环和污染物的运移有一定的影响。

(2)在模型模拟水循环过程中,河套灌区的水循环过程主要以灌溉-入渗的地下水运动为主,在今后的模型应用中可以进一步将地下水运动模块进行改进或联合地下水模型进行灌区水文循环的系统研究。

(3)在对污染物模拟期模型的校准和验证时,本书缺少了泥沙数据,因此没有对模型进行泥沙方面的校准,因此书中没有考虑颗粒态的污染物运移。在以后的研究中可以加测泥沙负荷量的数据。同时,在数据连续性方面,应逐渐实现日污染物数据,不仅可以进一步提高模型的模拟精度,也能及时地反馈污染物突变发生的时间点。

(4)在水环境容量计算方面,现有的水质管理体系过于侧重点源污染的削减,而忽略了面源污染的控制。继续深化面源参与下“控制单元的总量控制”理论,把面源的削减纳入分配考量;继续开发和引进先进的水环境模型,并将其运用于“控制单元的总量控制”中。

第2部分　黄河下游灌区面源污染多因子综合评价模型的应用

1 引　言

模型是目前研究农业面源污染的重要方法，与传统的河流断面监测手段相比具有范围广、成本低等优点。国内外常用的面源污染模拟模型可以归纳为机理模型和经验模型两类。机理模型的代表有 SWAT、HSPE、AnnAGNPS 等。机理模型虽然在面源污染模拟上有较好的应用效果，但是所需数据繁杂，在地形平坦、沟渠复杂的平原地区适用性较差。经验模型多采用输出系数法、MCR 最小累积阻力模型、氮磷指数法和清单分析法等，这类方法的优点是需要数据较少，计算简便，能快速对区域面源污染风险进行评估，划分污染风险等级，确定面源污染关键源区。但这类方法同样存在局限性和不足，如传统的输出系数法侧重于不同土地利用类型污染输出系数的生成，清单分析法侧重于不同类型污染源的输出，两者都缺乏考虑水文因素（如降雨和径流）和下垫面条件（如土壤、坡度和植被）；氮磷指数法通常需要基于实地的土壤采样数据，数据获取难度较大；MCR 最小累积阻力模型通常将耕地定义为污染源，在以耕地为主要用地类型的农业集中种植区适用性较差。

灌区农业面源污染的整体污染情况依然不容乐观，需要加大该流域农业面源污染的防治工作。其中，风险评估是农业面源污染防治的一种重要手段，识别出污染高风险的地方，从而有针对地重点加强防治是很有必要的，可以提升农业面源污染防治的效果，节省大量的人力、物力、财力。风险评估已经成为国内外学者研究农业面源污染防治的一种重要方法。因此，针对灌区农田施肥不当造成农业面源污染的氮磷负荷估算及其风险评估具有重大意义，风险评估是治理的一种重要方法，是识别关键源区的重要手段。灌区农田氮流失负荷估算及其污染风险等级的划分为灌区农业面源污染治理提供理论参考，对灌区面源污染治理具有重要意义。

赵口灌区是河南省第一大灌区，全国第四大灌区。近年来，随着灌区人口的不断增加、城镇化水平的提高、农业的快速发展均对灌区十分短缺的水资源及水环境产生了很大的冲击，水环境污染问题愈发突出。综合考虑传统经验模型的优点和不足，本部分建立多因子综合评价模型，以赵口灌区为研究区域，结合 ArcGIS 和 ENVI 等软件，在栅格尺度上计算灌区氮素农业面源污染风险指数，划分风险等级并识别氮素农业面源污染风险较高的优先管控区，以期对农田管理、污水处理措施进行指导，提高治理效率，为有效控制和治理氮素农业面源污染提供科学依据和理论支持。

2　研究区概况

2.1　赵口灌区自然地理位置

赵口灌区位于河南省中东部黄河南岸平原,北纬 33°40′~34°54′,东经 113°58′~115°30′,北以黑岗口、三刘寨、狼城岗干渠为界;南以涡河干流、通许与扶沟、尉氏与鄢陵为界;西以总干渠、西干渠和西三分干渠为界;东以惠济河干流、祥符区、通许与杞县为界。赵口灌区地域涉及郑州、开封、周口、许昌、商丘 5 个市的中牟、尉氏、通许、鹿邑、鄢陵等 13 个县(区)。灌区总土地面积 5 869.1 km^2,设计灌溉面积 587.0 万亩,是河南省最大的灌区。赵口灌区于 1970 年动工兴建,1972 年开始引水,经过了 40 多年的开发建设,灌区面积逐渐扩大,承担着农业灌溉、防洪、分洪、排涝、沉沙改土、防治盐碱、补给地下水、改善豫东地区生态环境等任务。其中,列入续建配套与节水改造一期工程的规划面积为 366.5 万亩,二期工程面积 220.5 万亩,有效灌溉面积 366.5 万亩,主要种植作物为小麦、玉米、棉花,复种指数 1.85。地理位置如附图 10 所示。

2.2　水文气象条件

2.2.1　气候条件

赵口灌区属暖温带亚热带、湿润半湿润季风气候区,气候类型具有明显的季节变化,其中夏季高温多雨,冬季寒冷干燥,春秋季节则相对温和。近 10 年,该地区年平均降水量为 331.8~1 076.4 mm,年平均气温为 13.9~16.5 ℃,年平均日照时数为 1 520.9~2 244.8 h。

统计分析赵口灌区所在地区内 10 个气象站点(扶沟、开封、鹿邑、杞县、通许、尉氏、西华、鄢陵、柘城和中牟)自 2011~2020 年的降水量变化。如图 2-2-1 为 10 个气象站降水量的年际变化,降水量在不同年份之间变化幅度较大,进入 2020 年,降水量显著增加。从降水量的年内变化看,降水主要集中在每年的 6~9 月,且各个站点降水量差异明显,从地理位置较北的中牟到地理位置靠南的西华县,最大降水量逐渐增多(见图 2-2-2),说明降水量在灌区范围内的时空分布差异显著。

通过分析扶沟、开封、鹿邑、杞县、通许、尉氏、西华、鄢陵、柘城和中牟 10 个气象站点气温的年际变化和年内变化,分别如图 2-2-3、图 2-2-4 所示。气温在年际变化上呈现逐年上升的趋势,10 年间气温平均上升 1.6 ℃,空间上灌区内各站点年平均气温平均相差 1.1 ℃左右。在年内变化上,10 个站点变化趋势一致,每年的 7 月是气温最高月份,最高气温为 28.2 ℃;每年的 1 月是气温最低月份,最低气温能低至 0.5 ℃。

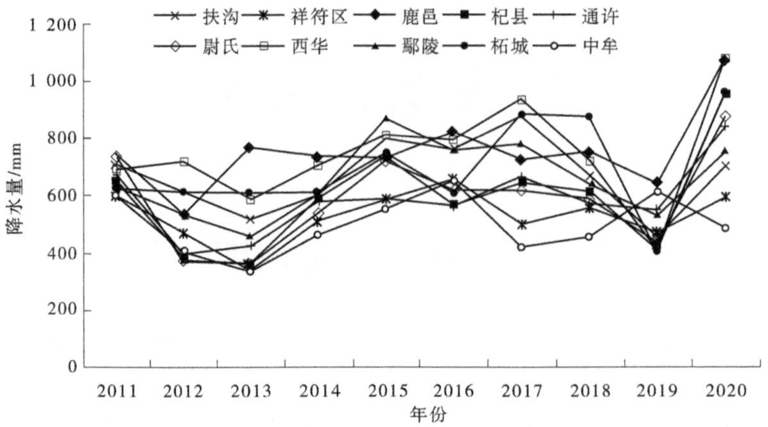

图 2-2-1　赵口灌区年降水量变化

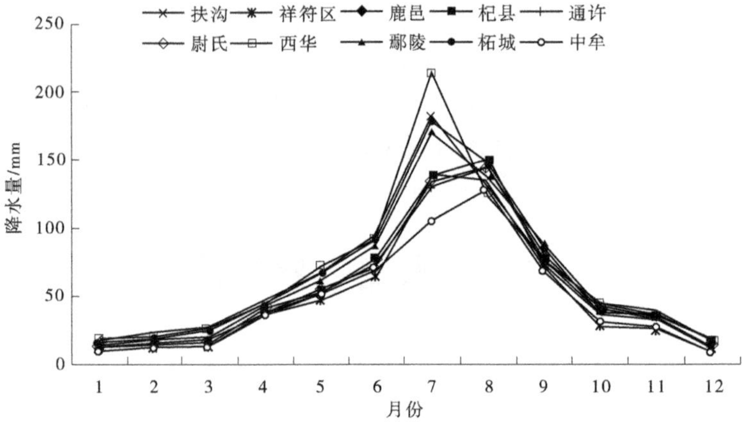

图 2-2-2　赵口灌区降水量年内变化

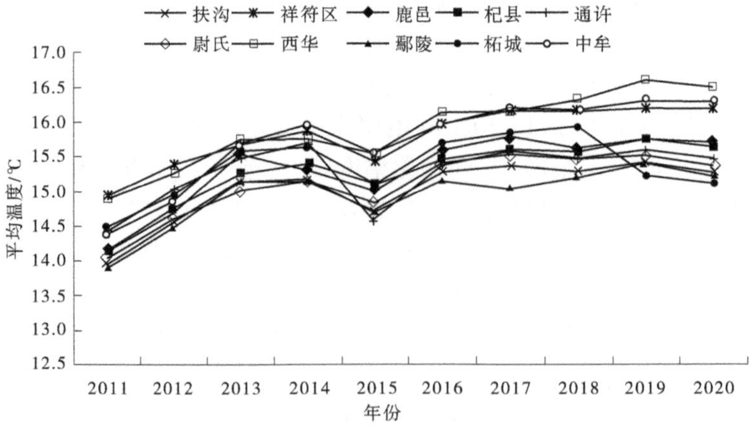

图 2-2-3　赵口灌区温度年际变化特征

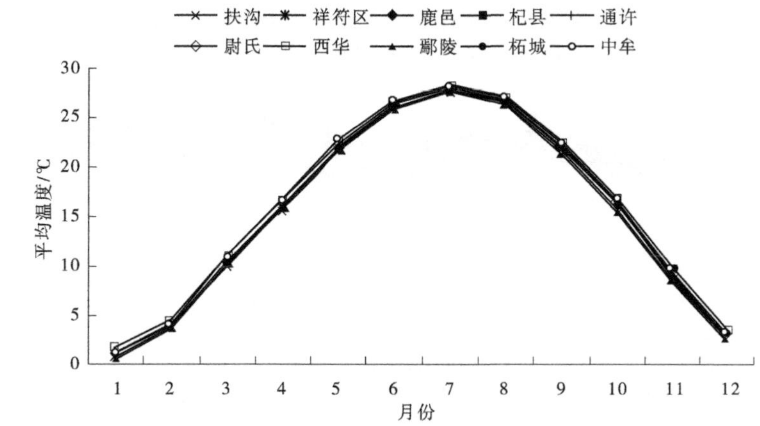

图 2-2-4 赵口灌区气温年内变化

对比分析 10 个站的平均风速、日照时数和相对湿度的年际变化，如图 2-2-5～图 2-2-7 所示，日照时数和相对湿度 2 个指标变化趋势较为一致且变化幅度不大。赵口灌区的平均风速呈现递减的趋势，其中通许站的风速在 2014～2015 年发生了较大的变化，原因可能是气象站有更换或测风速位置有变换。

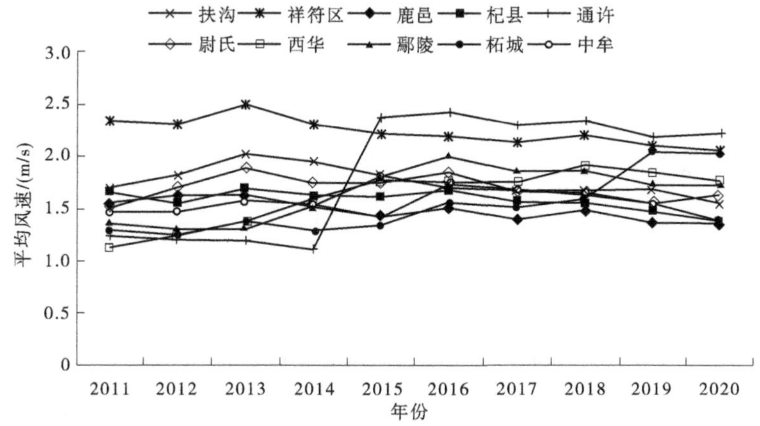

图 2-2-5 赵口灌区风速年际变化

2.2.2 水资源总量

赵口灌区骨干渠道为灌排合一渠道，灌区内河流、沟渠众多，主要骨干河流有涡河、惠济河和贾鲁河等，均沿着地势自西北流向东南。另外，灌区内还有排灌合一的干沟(河)(流域面积大于 100 km^2)30 多条，支沟河(流域面积 10～100 km^2)40 多条，干支沟(河)与干支渠(沟)道纵横交错，已形成能灌能排的渠沟(河)网络，水资源丰富，灌区自 1972 年开灌以来，累计引水约 90 亿 m^3，灌溉、补源面积达 1 亿亩次。

水资源总量为赵口灌区范围内雨水形成的地表径流水合并雨水渗透的地下产水总量。赵口灌区水资源总量见表 2-2-1。

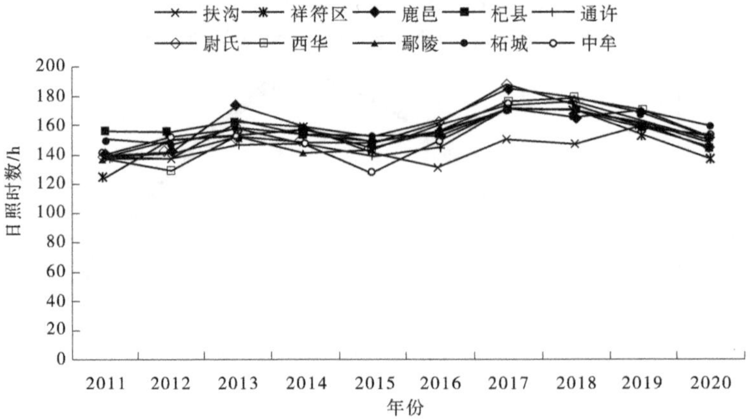

图 2-2-6 赵口灌区日照时数年际变化

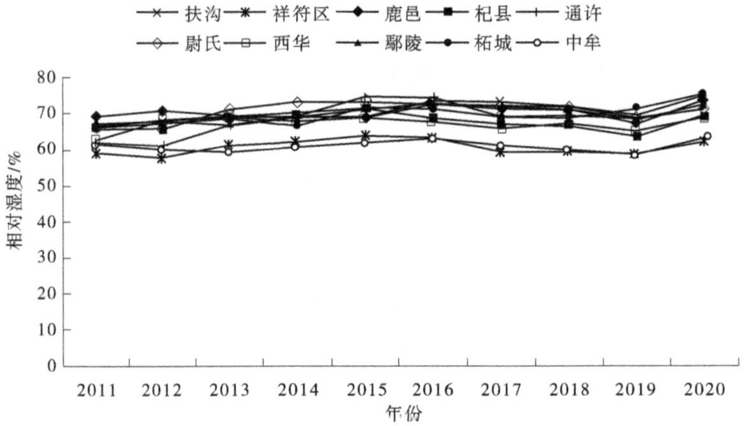

图 2-2-7 赵口灌区相对湿度年际变化

表 2-2-1 赵口灌区水资源总量

单位:万 m^3

序号	项目	数值
1	地表水资源总量	46 428
2	地下水资源总量	113 878
3	水资源总量	160 306

2.2.2.1 地表水资源总量

赵口灌区的地表水主要为贾鲁河、涡河、惠济河水,赵口灌区为豫东平原区,其地表水资源汇流模式以超渗产流为主。在现状条件下,灌区地表径流主要来源于汛期较大的降雨,非汛期由于降雨量小,极难产生径流。这种年径流主要集中在汛期,7~10 月的暴雨往往会形成全年径流量的绝大部分或者全部,所以径流量的年内分配比降雨量的年内分配更为集中。

河南省水资源分区划定河南省赵口灌区属于淮河流域王蚌区间北岸区，多年平均地表径流深依据《河南省水资源公报》中“河南省多年平均径流深等值线图”查得，$P=50\%$ 径流深根据 C_v 值和多年平均径流深计算。灌区可利用地表水资源总量为 46 428 万 m^3。

2.2.2.2　地下水资源总量

地下水资源量主要受水文气象、地形地貌、水文地质、植被、水利工程等因素的影响，其区域分布一般采用模数表示，总量计算采用地下水总补给模数计算。赵口灌区现状年地下水资源量采用《河南省水资源公报》中的补给模数计算结果，灌区地下水总补给模数为 15 万～30 万 m^3/km^3。项目区浅层地下水资源经计算总量为 113 878 万 m^3。

2.2.2.3　水资源利用情况

赵口灌区受季风气候影响，夏季时，气流从太平洋高压带吹向大陆低压带，暖气流与冷气流交锋形成降雨，所以夏季是该灌区的雨季，降雨量充沛，水资源丰富，植被生长旺盛。冬季时，在西伯利亚高压的控制下，西北风盛行，气候比较干燥，大气寒冷，雨雪也较少。河南省赵口灌区总的土地面积为 5 868.7 km^2（880.3 万亩），受益总人口为 411.52 万人，其中规划续建配套与节水改造的灌溉面积达 572 万亩，其中正常灌溉的面积为 236 万亩，补源灌溉面积为 336 万亩。目前，赵口灌区的灌溉水利用系数为 0.48，田间水利用系数为 0.87，渠系水利用系数为 0.55。赵口灌区 1972 年建成并引入黄河水灌溉，缓解赵口灌区旱情，自从灌溉起累计引入黄河水 43 亿多 m^3，为灌区累计进行灌溉 2 232 万亩次。灌区的亩产由开灌前的 39 kg 增长到现阶段的 550 kg，引黄灌溉对灌区的工农业生产的快速发展起到了积极推动作用。

根据统计，2010～2019 年 10 年间赵口引黄灌区累计引水量 195 229 万 m^3，对改善赵口引黄灌区的农业灌溉条件、促进当地农业经济发展起到了重要的作用。赵口引黄灌区 2010～2019 年引黄水量如表 2-2-2 所示。

表 2-2-2　赵口引黄灌区 2010～2019 年引黄水量

年份	引水量/万 m^3
2010	9 560
2011	21 900
2012	11 875
2013	24 000
2014	23 588
2015	12 400
2016	22 200
2017	21 300
2018	26 270
2019	22 136

2.3　社会经济状况和生态环境

历史上由于受黄河多次决口、侧渗等因素的影响，形成了旱、涝、碱、沙并存。灌区内共有盐碱地 33.5 万亩，农业生产长期处于落后状态，祥符区、通许、尉氏粮食单产分别为 157 kg、189 kg、202 kg。1977～1986 年累计放改土 16 万亩，灌区面貌发生根本变化。王庄村在 1980 年以前吃粮靠统销，花钱靠救济，1978～1980 年吃统销粮 314 866 kg，领救济款 24 427 元，贷款 79 035 元。放淤改土 4 000 亩，粮食产量逐年上升，由淤前的 187 200 kg 上升到 1984 年的 1 188 800 kg，亩产由 39 kg 上升到 300 kg，土壤改良效果显著。祥符区西姜寨镇的无引黄灌溉条件的地区，小麦亩产 180 kg、玉米 200 kg、棉花 25 kg；而有引黄灌溉条件的地区，小麦亩产 370 kg、玉米 420 kg、棉花 50 kg；水利效益分摊系数按 0.4 计算，增值 20%～25%。

该区域地形平坦，土壤、光热气候等自然环境条件适合农作物生长，虽有一定的水资源条件和实施灌排工程建设的基础条件，但是现有配套工程不完善，缺乏完整的工程体系，加上受水资源条件限制，此区域农作物产量持续低迷，抵抗自然灾害的能力弱，多年平均粮食作物单产仅 423 kg。据统计，2009 年春，由于连续 100 多 d 干旱无雨，该区域遭受了 50 年一遇的特大旱灾，其持续时间之长、受旱范围之广、程度之重为历史罕见，受旱面积超过 60%，受灾区粮食作物平均减产超过 93 kg/亩（为正常年份平均粮食作物单产的 13%），其中近 3.8 万亩耕地颗粒无收。

赵口灌区水资源供需矛盾突出，配置不合理，与经济社会发展需求不相适应。特别是涡河以东区域，由于灌区现有工程配套不完善、骨干工程建设标准低、设施简陋且老化损失严重，引黄量不足，长期以来一直依赖于开采利用地下水，超采率达到 33.4%，造成当地地下水资源超采严重，地下水资源环境呈持续恶化趋势，当地水资源难以有效支撑当地社会经济的持续发展。

赵口引黄灌区大范围超采地下水带来了地下水污染、土壤沙化等一系列生态问题。近年来，由于地下水位大幅下降，土壤沙化趋势加重，一些地区还出现了地面裂缝、建筑物发生倾斜、地面积水、道路沉陷等一系列生态环境问题。水环境日趋恶化，使水资源供需矛盾日益突出。

3　研究方法

3.1　评价方法与体系

根据各影响因子在农业面源污染形成中所起的作用,将其概括为源因子和迁移因子两大类。源因子指影响污染物来源的因素,依据农田养分平衡和产排污系数法计算得到,按照污染物的输出渠道可分为种植源、养殖源和生活源 3 个方面,相加总和即为氮素流失负荷;迁移因子指影响污染物迁移的因素,基于土壤侵蚀模型选取,其中 P 因子由能够表征径流量的径流系数替代,具体包括降雨侵蚀量、坡度、土壤可侵蚀性因子、年植被覆盖度和径流系数。

3.1.1　源因子

氮素流失负荷基于县域统计数据计算获得,本书将耕地和农村居民点设定为农业面源污染产生的用地类型并赋值在栅格上,其他用地类型氮素流失负荷设定为 0,计算式为

$$L_i = \frac{(P_i + B_i + D_i)}{A_i} \times \frac{1}{1\ 000} \tag{2-3-1}$$

式中:L_i 为第 i 县的氮素流失负荷,kg/km^2;P_i 为第 i 县种植源的氮素流失量,t;B_i 为第 i 县养殖源的氮素流失量,t;D_i 为第 i 县生活源的氮素流失量,t;A_i 为第 i 县耕地和农村居民点面积之和,km^2;1 000 为单位转换系数。

(1)种植源。基于文献提出的农田养分平衡方程并引入种植业流失系数进行计算。养分盈余量增加会导致农业面源污染风险的增大,通过地表径流和淋溶流失的养分量随着养分盈余量的增加而增大。计算式为

$$P_i = N_{sur} \times N_{loss} \tag{2-3-2}$$

$$N_{sur} = N_{input} - N_{output} \tag{2-3-3}$$

$$N_{input} = N_{cfer} + N_{ofer} + N_{irr} + N_{dep} + N_{str} + N_{seed} + N_{bnf} + N_{cake} \tag{2-3-4}$$

$$N_{output} = N_{crop} \tag{2-3-5}$$

式中:N_{sur} 为氮素盈余量,t;N_{loss} 为种植业总氮流失系数,参考《第二次全国污染源普查产排污系数手册》获得,小麦玉米轮作取 0.389%,其他大田作物(除冬小麦、夏玉米轮作外的旱地大田作物)取 0.406%,露地蔬菜取 0.948%,单季稻取 0.694%;N_{input} 为氮素输入总量,t;N_{output} 为氮素输出总量,t;N_{cfer} 为化肥氮中带入的氮素量,t;N_{ofer} 为人畜粪尿带入的氮素量,t;N_{irr} 为灌溉水带入的氮素量,t;N_{dep} 为大气干湿沉降带入的氮素量,t;N_{str} 为秸秆还田带入的氮素量,t;N_{seed} 为作物种子带入的氮素量,t;N_{bnf} 为豆科作物和非豆科作物的生物固氮量,t;N_{cake} 为饼肥还田带入的氮素量,t;N_{crop} 为作物吸收带走的氮素量,t。

(2)养殖源。包括规模养殖和养殖户养殖所产生的畜禽粪尿,这一部分污染物由于

各种因素没有被完全消除从而进入地表环境，计算式为

$$B_i = \sum_{n=1}^{2} s_j \times f_j \times m_{i,j}/1\ 000 \tag{2-3-6}$$

式中：n 为畜禽养殖规模，包括规模化养殖和养殖户养殖；s_j 为第 j 类畜禽品种的养殖规模占比(%)；f_j 为第 j 类畜禽品种特定规模化养殖水平下的总氮排污系数，kg/头(只)；$m_{i,j}$ 为第 i 县、第 j 种畜禽品种的数量，头(只)；1 000 为单位转换系数。

(3)生活源。主要指未经处理直接排放的废水，包括厕所污染、厨余污水、洗浴污水等，计算式为

$$D_i = q_i \times u_i \times 365 \times (1 - e_i \times t_i)/100 \tag{2-3-7}$$

式中：q_i 为第 i 县农村常住人口数量，万人；u_i 为第 i 县所在地市人均产污强度，g/(人·d)；e_i 为第 i 县所在地市的污染物综合去除率(%)；t_i 为第 i 县所在地市的污水处置率(%)；100 为单位转换系数。

3.1.2　迁移因子

迁移因子包括降雨侵蚀量、年植被覆盖度、坡度、土壤可侵蚀性因子、径流系数。

(1)降雨侵蚀量。降雨是农业面源污染的重要驱动力，降雨直接影响土壤侵蚀和径流量，与化肥、农药这些污染物的流失程度紧密相关。采用 WISCHMEMIER 等提出的年降雨侵蚀公式计算，即

$$R = \sum_{j=1}^{12} 1.735 \times 10^{1.5\times\lg\left(\frac{p_{j,\mathrm{month}}^2}{p_{\mathrm{year}}}\right) - 0.818\ 8} \tag{2-3-8}$$

式中：R 为降雨侵蚀量，$\mathrm{MJ \cdot mm \cdot hm^{-2} \cdot h^{-1}}$；$p_{j,\mathrm{month}}$ 为月平均降雨量，mm；p_{year} 为年平均降雨量，mm。

(2)年植被覆盖度。植被覆盖度是刻画地表植被覆盖的一个重要参数。植被覆盖状况能够反映农业面源污染下垫面情况，一个区域植被越茂盛，水土流失发生时的水土保持效果和径流过程中污染物的截留作用就越大。年植被覆盖度采用像元二分法计算，分别计算灌区 2021 年 12 个月的植被覆盖度，并求月均值，计算式为

$$\mathrm{FVC} = \frac{\mathrm{NDVI} - \mathrm{NDVI_{soil}}}{\mathrm{NDVI_{veg}} - \mathrm{NDVI_{soil}}} \tag{2-3-9}$$

式中：FVC 为植被覆盖度；NDVI 为植被指数；$\mathrm{NDVI_{soil}}$ 为纯裸土像元的 NDVI 值；$\mathrm{NDVI_{veg}}$ 为纯植被像元或高植被覆盖度区域的 NDVI 值。

(3)坡度。是土壤侵蚀和径流流速的加速因子，地形的坡度越大，污染物流失风险越高。

(4)土壤可侵蚀性因子 K。用于量化土壤侵蚀的脆弱性，土壤可侵蚀性越强，K 值越高。K 值取决于土壤中黏土、壤土、砾石和有机碳含量，计算式为

$$K_{\mathrm{EPIC}} = \left\{0.2 + 0.3\exp\left[-0.025\ 6S_{\mathrm{a}}\left(1 - \frac{S_{\mathrm{i}}}{100}\right)\right]\right\} \times \left(\frac{S_{\mathrm{i}}}{C_1 + S_{\mathrm{i}}}\right)^{0.3} \times \left[1 - \frac{0.25C}{C + \exp(3.72 - 2.95C)}\right] \times \left[1 - \frac{0.7S_{\mathrm{n}}}{S_{\mathrm{n}} + \exp(-5.51 + 22.9S_{\mathrm{n}})}\right] \tag{2-3-10}$$

$$S_n = 1 - \frac{S_a}{100} \tag{2-3-11}$$

$$K_{China} = -0.013\ 83 + 0.515\ 75K_{EPIC} \tag{2-3-12}$$

$$K = 0.131\ 7 \times K_{China} \tag{2-3-13}$$

式中：K_{EPIC} 为 EPIC 模型计算得到的土壤可侵蚀性因子；K_{China} 为中国土壤可侵蚀性因子；S_a 为砂粒含量；S_i 为粉粒含量；C_l 为黏粒含量；C 为土壤有机碳含量；0.131 7 为美国制和国际制的单位转换系数。

(5)径流系数。是一个地区一定时间内径流量与降雨量的比值,径流系数越大说明地表对雨水吸收作用越弱,降雨所产生的地表径流对污染物的冲刷和运移作用越强,计算式为

$$\alpha = \frac{R_{deep}}{P_{deep}} \tag{2-3-14}$$

$$R_{deep} = \frac{W}{B} \times \frac{1}{1\ 000} \tag{2-3-15}$$

式中：α 为径流系数；R_{deep} 为径流深度,mm；P_{deep} 为年降水深度,mm；W 为年径流总量,m^3；B 为流域面积,km^2；1 000 为单位转换系数。

3.2　模型建立

研究所建立的氮素农业面源污染风险多因子综合评价模型基于层次分析法对影响因子进行分级赋值,影响因子的权重采用文献参考、专家打分法和熵值法相结合进行确定。考虑到源因子主要受人为因素影响且对农业面源污染的贡献较大,所以源因子的权重采用专家打分和文献参考获得;迁移因子权重采用熵值法确定,坡度、降雨等自然因素受人类活动影响较小,依据其本身存在的空间差异性进行权重划分能够有效避免人为主观性的影响,具体方法为将栅格统一分辨率并进行归一化处理后利用 ArcGIS 中模型构建器编写代码计算权重,熵值法权重计算式为

$$W_i = \frac{\sigma_i}{\sum_{i=1}^{n} \sigma_i} \tag{2-3-16}$$

式中：W_i 为第 i 个迁移因子的权重；σ_i 为第 i 个迁移因子的差异系数。

根据各影响因子对氮素流失风险贡献的大小赋予相应的权重并划分 4 个等级,分别赋值 1、2、3、4,最后通过栅格叠加得到氮素农业面源污染风险指数,通过自然断点法将氮素农业面源污染风险划分为 4 个风险等级。氮素农业面源污染风险指数计算式为

$$\text{TNANSP} = \sum W_i \times I_i \tag{2-3-17}$$

式中：TNANSP 为氮素农业面源污染风险指数；W_i 为第 i 个影响因子的权重；I_i 为第 i 个影响因子的赋值。

各影响因子的权重及分级赋值见表 2-3-1、空间分布见附图 11。

表 2-3-1　赵口灌区氮素农业面源污染影响因子评价体系

赋值/因子	氮素流失负荷/(kg/km^2)	降雨侵蚀量/[$MJ \cdot mm/(hm^2 \cdot h)$]	坡度/(°)	土壤可侵蚀性因子/[$t \cdot h/(MJ \cdot mm)$]	年植被覆盖度	径流系数
1	0~370	0~2 800	0~6	0~0.005	>0.75	0~0.22
2	370~470	2 800~3 100	6~15	0.005~0.013	0.60~0.75	0.22~0.26
3	470~740	3 100~3 400	15~25	0.013~0.018	0.45~0.60	0.26~0.30
4	>740	>3 400	>25	>0.018	0~0.45	>0.30
分级依据	自然断点法	自然断点法	坡耕地分级标准	文献[201]	文献[201]	自然断点法
权重	0.35	0.2	0.09	0.13	0.07	0.16

3.3　数据来源

本书选取 2021 年赵口灌区的相关数据。其中,遥感数据为 2021 年 MOD13Q1 的 NDVI 数据(分辨率 250 m 植被指数 16a 合成产品),用于植被覆盖度反演;降水数据来自国家地球科学数字中心,用于降雨侵蚀量计算;水质数据来自国家水质自动监管平台,用于模型精度验证;高程数据为 ASTER 全球 DEM 数据,来自中国科学院资源环境科学与数据中心;土壤数据来自世界土壤数据库,主要包括土壤中黏土、壤土、砾石、有机碳含量,用于土壤可侵蚀性因子计算;化肥施用量、作物产量等数据统计数据来自 2021 年河南省各地市统计年鉴,用于氮素流失负荷计算;流量数据来自全国雨水情信息网站,用于径流系数计算。水质数据和流量数据为课题组记录的逐日数据,地理数据统一转换为分辨率 250 m 的栅格。

4　研究结果

4.1　赵口灌区氮素流失负荷空间分布

研究期内赵口灌区氮素流失平均负荷为 511 kg/km^2，种植源、养殖源和生活源分别贡献 32.96%、46.51%和 20.53%的流失负荷，其中尉氏县、杞县、鄢陵县、太康县养殖源占比显著高于种植源和生活源。氮素流失负荷在县域尺度上总体呈现出北低南高的特点，低值区主要分布在中牟县、龙亭区等城镇化率较高的地区，高值区主要分布在鄢陵县、西华县和鹿邑县等农业集中种植区。高值区中鄢陵县氮素流失负荷以养殖源为主，主要是因为猪等家禽养殖数量大，西华县、鹿邑县流失负荷以种植源和养殖源为主，主要原因是农业生产活动强度大，化肥单位面积施用量高且畜禽养殖业发达。低值区中中牟县、龙亭区和鼓楼区城镇化水平较高，耕地面积较少，农业生产活动相对较弱，因此氮素流失负荷较低，祥符区虽然耕地面积较多，但整体化肥施用强度偏低，畜禽养殖量偏少，因此氮素流失负荷同样偏低。赵口灌区县域氮素流失来源及负荷分别见表 2-4-1、附图 12。

表 2-4-1　赵口灌区县域氮素流失来源

县名称	种植源流失量/kg	养殖源流失量/kg	生活源流失量/kg	合计流失量/kg	氮素流失负荷/(kg/km^2)
扶沟县	160 524.28	189 559.10	92 611.87	442 695.25	504.56
鼓楼区	4 280.31	11 975.10	1 001.18	17 256.59	443.34
龙亭区	8 561.72	835.80	5 289.79	14 687.31	438.43
鹿邑县	264 695.29	216 990.10	129 527.09	611 212.48	711.81
杞县	169 983.48	314 991.70	82 992.96	567 968.14	574.38
太康县	196 024.97	305 828.00	183 900.31	685 753.28	534.95
通许县	138 213.56	181 972.40	46 113.84	366 299.81	424.47
尉氏县	119 666.15	259 840.1	69 544.34	449 050.59	412.83
西华县	228 827.14	280 331.7	116 377.27	625 536.11	691.84
祥符区	237 838.17	212 278.2	58 680.84	508 797.21	372.63
鄢陵县	48 303.46	180 612.66	94 847.17	323 763.29	737.46

续表 2-4-1

县名称	种植源流失量/kg	养殖源流失量/kg	生活源流失量/kg	合计流失量/kg	氮素流失负荷/(kg/km^2)
柘城县	54 040.01	130 703.2	151 090.92	335 834.12	474.26
中牟县	76 334.62	6 227.12	167 657.71	250 219.45	350.55

4.2　赵口灌区氮素农业面源污染风险评价

利用自然断点法对赵口灌区氮素农业面源污染风险指数进行划分，分级标准为：无风险（风险指数为 0.9~1.8）、低风险（风险指数为 1.8~2.3）、中风险（风险指数为 2.3~2.8）和高风险（风险指数为 2.5~3.7），如附图 13 所示。

赵口灌区有 1 785.18 km^2 区域存在高风险，约占灌区总面积的 28.20%；1 420.93 km^2 区域存在中风险，约占灌区总面积的 22.44%；低风险与无风险的面积分别为 2 093.64 km^2 和 1 031.25 km^2，分别占灌区总面积的 33.07%与 16.29%。中、高风险区主要分布在灌区西南部和东南部，低风险及无风险区主要集中分布在中部和北部。灌区西南部和东南部的中高风险区作为农业集中种植区氮素流失负荷整体偏高，耕地和农村居民点作为污染源景观分布广泛，其中鹿邑县、西华县受氮素流失负荷、降雨侵蚀量的影响较大，地理位置越靠近南部受温带季风气候影响越大，降雨越多，鄢陵县和扶沟县除上述两个因素外受径流系数的影响较大，受降雨影响容易产生更多的地表径流。

4.3　农业面源污染防控措施

农业面源污染的防控技术可以分为源头控制、过程拦截、末端治理 3 个部分。从污染源控制角度来看，在种植业方面可以推广测土配方技术、提高化肥施用效率，根据氮磷养分平衡结果，合理调整肥料养分配比，积极推广“水肥一体化”应用下的喷灌和滴灌技术充分发挥作用；在畜禽养殖方面应推进规模性养殖，重点控制规模以下养殖；生活污水治理应该坚持推进“厕所改革”，提高生活污水治理率和处理设施正常运行率。从污染过程阻断角度看，结合已有的排水沟渠、池塘建立生态缓冲带和生态拦截沟渠，对污染物进行阻拦和吸附；对于畜禽养殖应建立污染物排放监测系统，尤其是末端特定污染物监测；生活污水排放的生产废水排放量大且不易监测，需统筹规划农村垃圾、污水收集处理系统，因地制宜地加快排污管网、垃圾集中式填埋和废水的处理设施，避免分散式的生活污水和垃圾渗滤液通过地表径流或直接流入河流和农田。在末端治理方面，应推广畜禽粪便堆肥还田利用技术、沼气工程资源化利用等技术,鼓励农村居民点实施生活污水资源化利用和粪污资源化利用。

(1)农田面源污染源头控制减量。

对于灌区内各县中的重度风险区,从源头控制减量,控制氮肥流失和畜禽养殖污染。为解决化肥施用带来的面源污染问题,首先从根源上推广生物肥、有机肥的使用,以减少化学肥料的使用。在技术上,应大力推广精准施肥技术与测土配方施肥技术,以农田施肥的方式、用量、农作物品种、施肥时间以及土壤性质等参数为依据,因地制宜地制定出适合的生产技术规范,进而指导农民根据作物需求和土壤状况,制订出合理的施肥计划,对化肥的使用结构配比进行优化。在解决禽畜养殖污染方面,要坚持以"预防为主、综合防治"的方针,明确禁养区管理和环境管控要求,强化畜禽规模养殖场选址环评审批和"三同时"管理要求,保障区域养殖总量符合当地资源环境承载能力。在技术路线上,应该从源头上减少污染的来源,对资源进行最优的分配和使用,做到清洁生产,避免二次污染,并根据不同的生产工艺和环境特征,采取不同的污染防治措施。定期对规模较大的养殖场的粪便处理设施和设备进行检查,推动提高畜禽粪污处理设施装备水平,在规模较大的畜禽养殖场上安装摄像监视设备,预防粪便的偷运和偷排。

(2)农田废弃物资源化。

在畜禽粪便和秸秆资源化方面,统筹畜牧业生产发展和生态环境保护,鼓励畜禽养殖企业通过粪肥还田实现资源化利用,促进养殖户与现代畜牧业发展有机衔接。提高秸秆综合利用,实现秸秆废弃物资源化,完善秸秆收储供应体系,让秸秆的肥料化、饲料化、燃料化、原材料化等得到更好的发展,培养出一批秸秆综合利用的产业化企业,推进秸秆利用长效化,加大秸秆禁烧力度。同时,对农田面源污染生态风险重度风险区加强农田面源污染综合防治全过程数据监测,建立相应的面源污染监管机构。联合多部门协同治理,实现从源头控制为主逐渐向全过程管控的转变。

(3)提高农户的生态环境环保意识。

首先,农业面源污染防治是一项重大的系统工程,需要政府、社会、农户的全面配合。其次,农户对农田生态系统的保护和面源污染的防控意识比较薄弱,但是农田面源污染已经对农户的身体健康构成很大的威胁,因此政府应加强基层干部对环境保护相关技术和政策的指导及宣传教育,使农户充分意识到保护农田生态环境的重要性。通过多种形式、多层次、多渠道的方式,对生态环保的观念进行宣传,让更多的农户对面源污染的危害有更多的认识,逐步提升农户对生态环保的关注程度。同时,充分利用网络、报刊、电视、电台等媒体,对生态环保相关的法律法规和我国所面临的农田面源污染的严重性进行全方位的宣传,并向农户介绍国家对农业面源污染防治的扶持政策和防治措施,增强群众对污染防治的责任感。组织编制农业面源污染防治科普读物。利用科普读物,使人们对农村面源污染的原因和危害有一个全面的认识,并对人们在农村的生产和生活中如何预防和控制面源污染进行教育指导。同时,设立农业面源污染公众举报电话和投诉中心,让农户都能积极地参与到农业生态环境保护和农业面源污染的监管中来。

5　结　论

通过收集赵口灌区现有的统计资料,对该地区氮素农业面源污染的排放量进行了估算,并运用多因子综合评价法评价该地区氮素农业面源污染风险发生等级,得出以下结论:

(1)赵口灌区氮素农业面源污染流失量来源有 3 部分,其中种植源流失量 1 707.29 t,占总流失量的 32.84%;养殖源流失量 2 292.15 t,占总流失量的 44.09%;生活源流失量 1 199.64 t,占总流失量的 23.07%。氮素面源污染流失量养殖源>种植源>生活源。

(2)赵口灌区氮素面源污染流失负荷在县域尺度上总体呈现为北低南高的特点,低值区主要分布在中牟县、龙亭区等城镇化率较高的地区,高值区主要分布在鄢陵县、西华县和鹿邑县等农业集中种植区。

(3)赵口灌区有 1 785.18 km^2 区域存在高风险,约占灌区总面积的 28.20%;1 420.93 km^2 区域存在中风险,约占总面积的 22.44%;低风险与无风险的面积分别为 2 093.64 km^2 和 1 031.25 km^2,分别占总面积的 33.07%与 16.29%。中、高风险区主要分布在灌区西南部和东南部,低风险及无风险区主要集中分布在中部和北部。

附　图

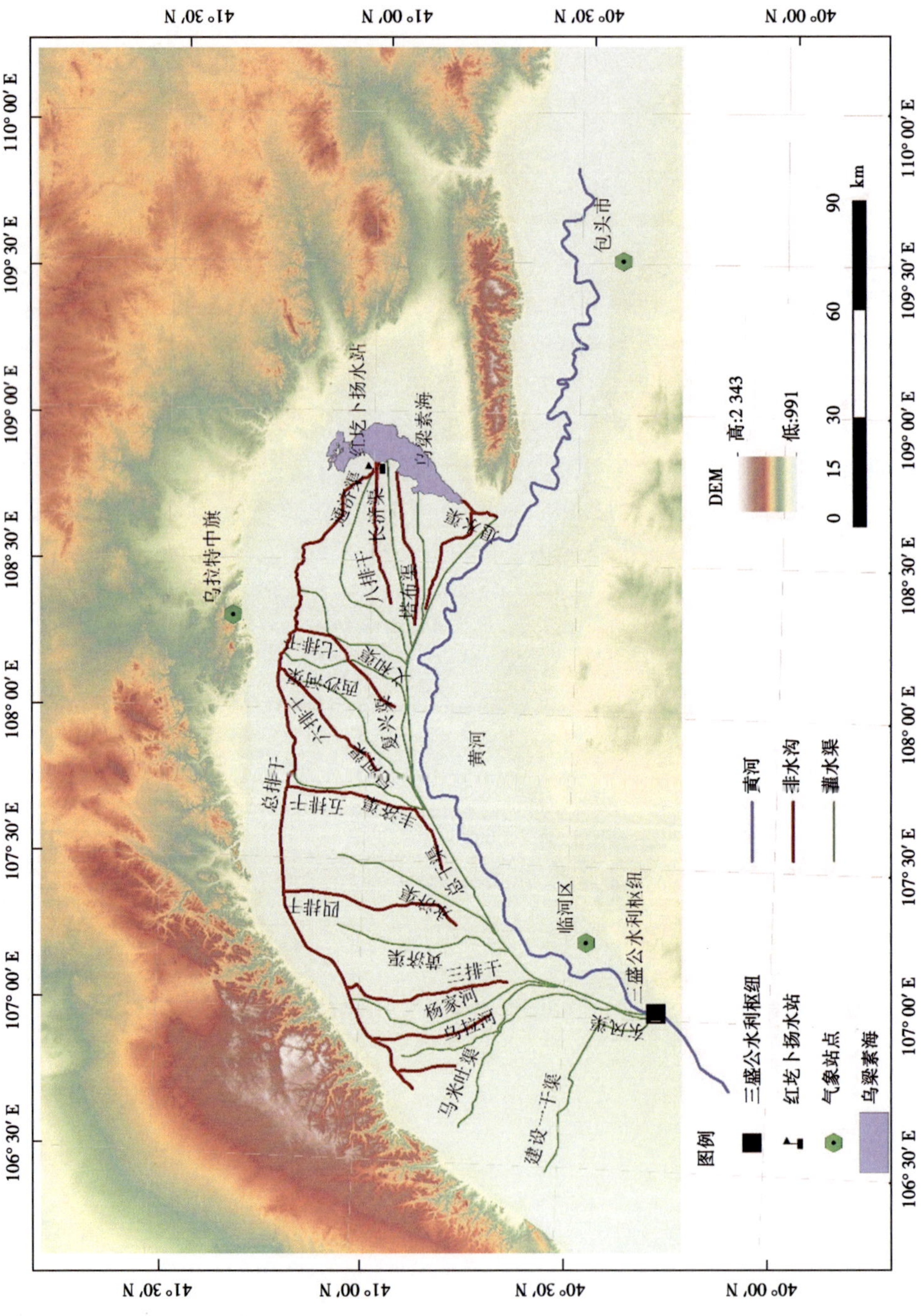
图例
三盛公水利枢纽
红圪卜扬水站
气象站点
乌梁素海
黄河
排水沟
灌水渠
DEM
高:2 343
低:991
km
包头市
乌拉特中旗
临河区
三盛公水利枢纽
红圪卜扬水站
乌梁素海
总排干
黄河

附图1　研究区概况

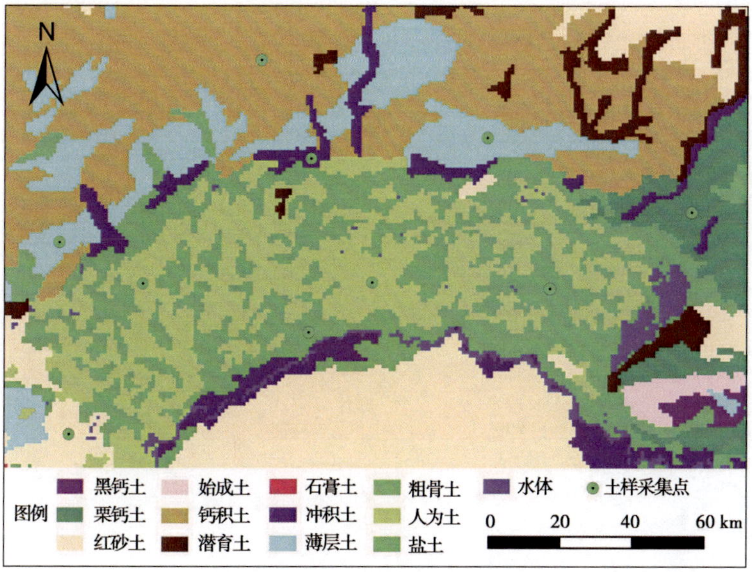

附图 2 土样采样点布设

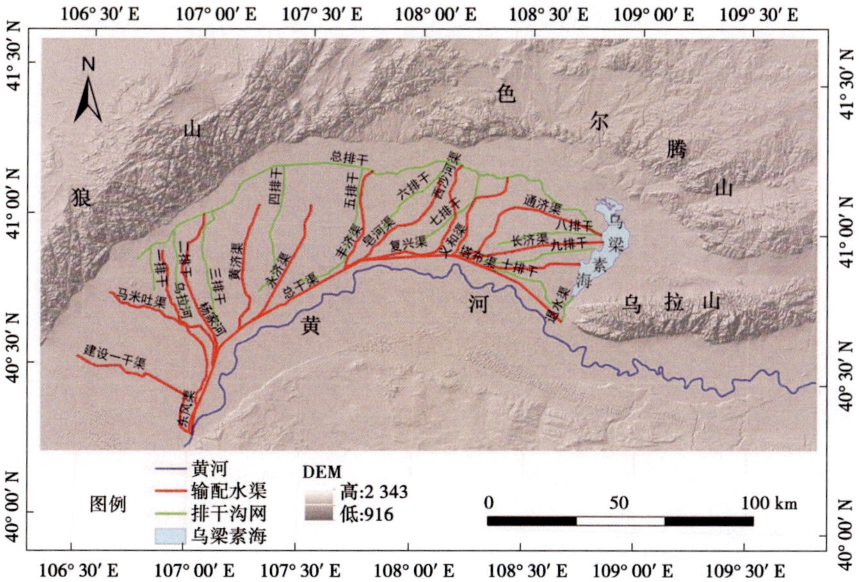

附图 3 流域 DEM 及灌排水系

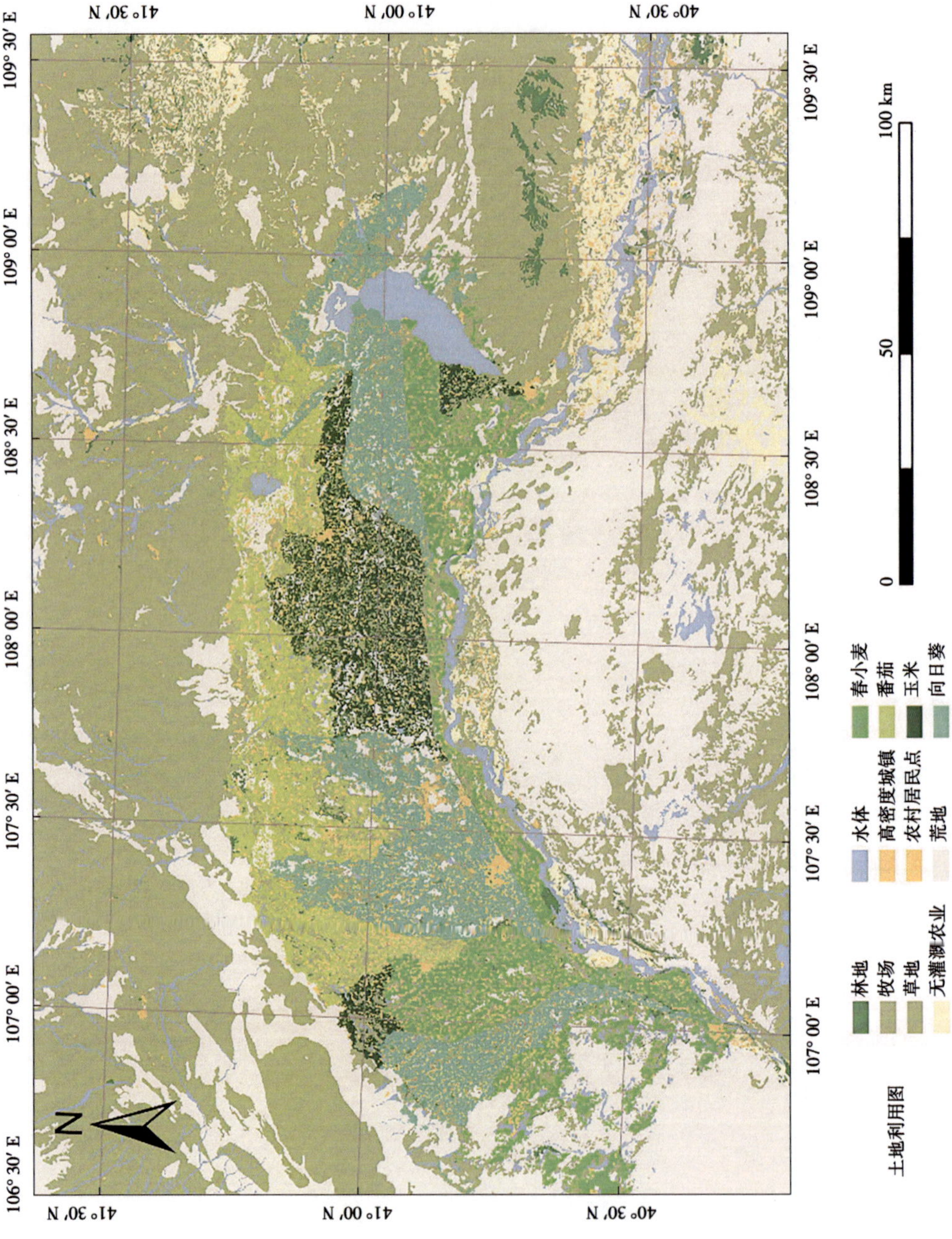

附图4　区域内土地利用重分类

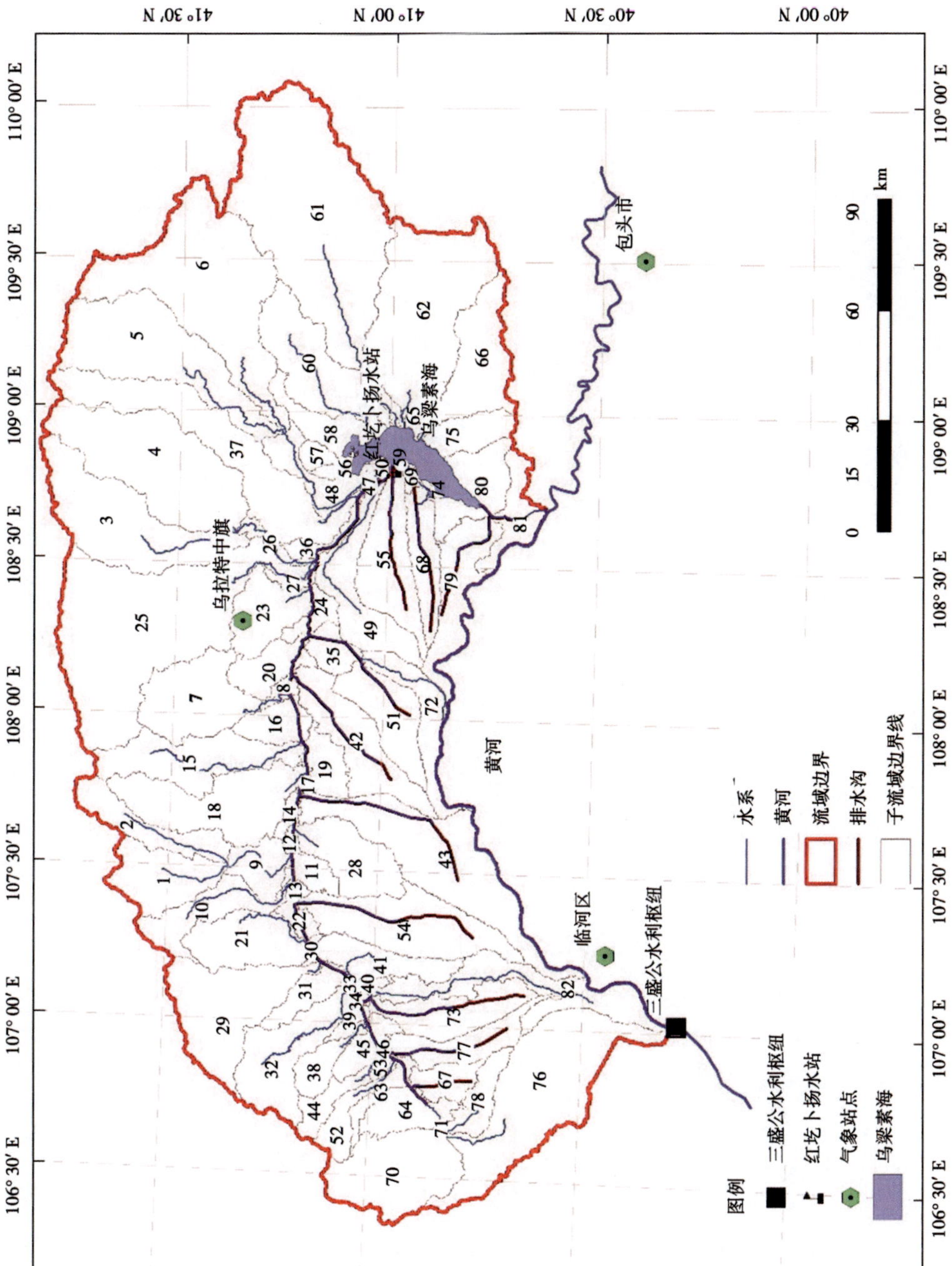

41° 30′ N
41° 00′ N
40° 30′ N
40° 00′ N
106° 30′ E
107° 00′ E
107° 30′ E
108° 00′ E
108° 30′ E
109° 00′ E
109° 30′ E
110° 00′ E
乌拉特中旗
红圪卜扬水站
乌梁素海
包头市
黄河
临河区
三盛公水利枢纽
0 15 30 60 90 km
图例
三盛公水利枢纽
红圪卜扬水站
气象站点
乌梁素海
水系
黄河
流域边界
排水沟
子流域边界线

附图5　子流域划分结果

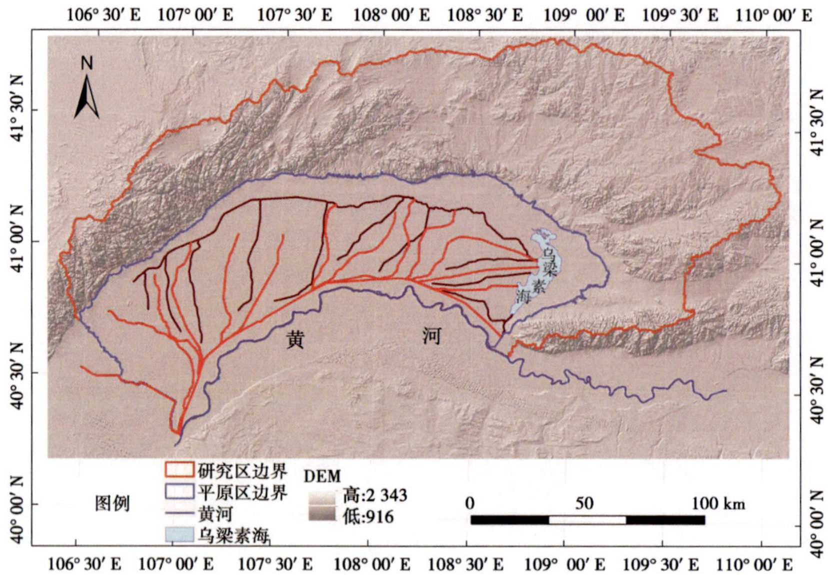

附图 6　平原区和全流域边界的确定

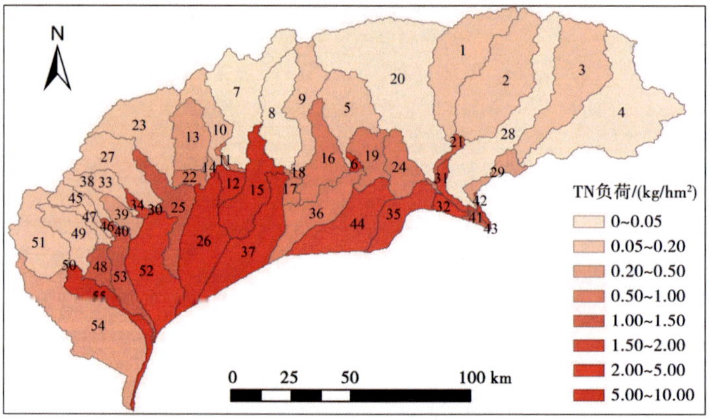

附图 7　氮流失空间分布

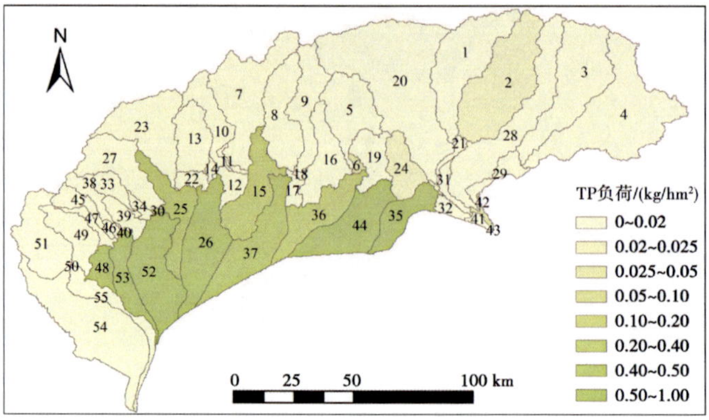

附图 8　磷流失空间分布

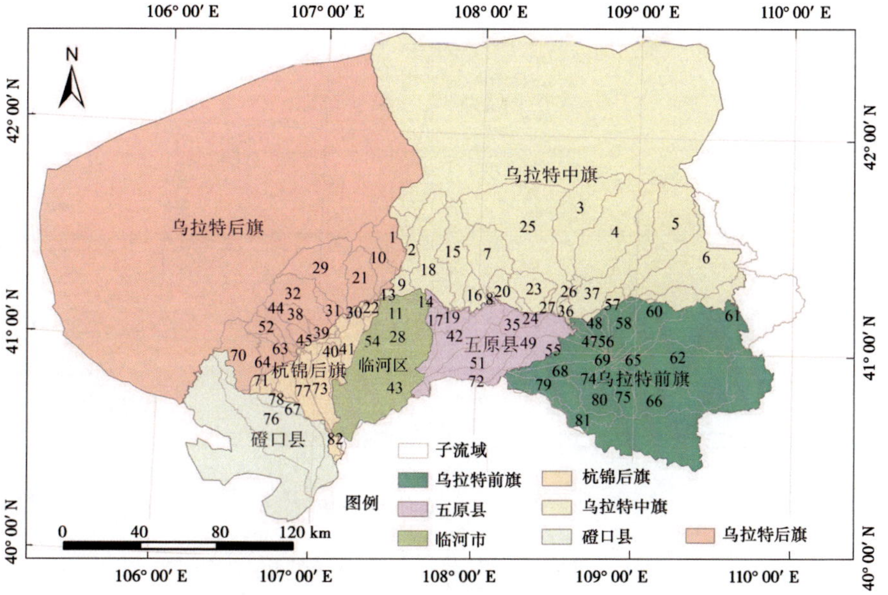

附图 9　各行政区域和子流域

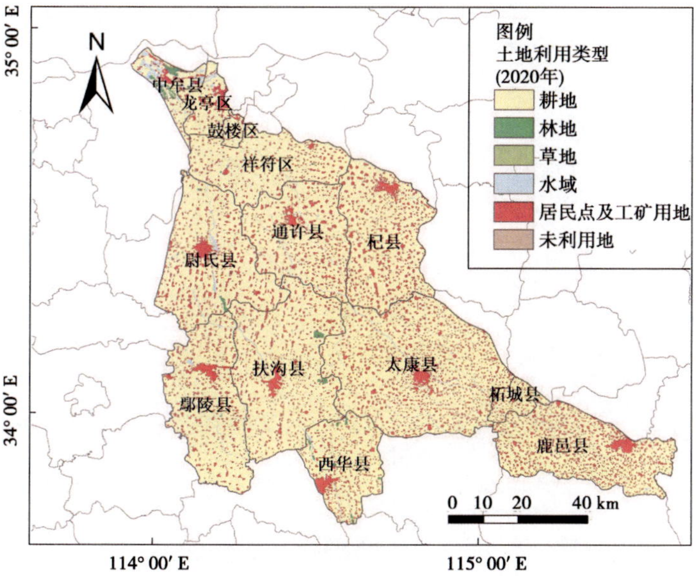

附图 10　赵口灌区地理位置

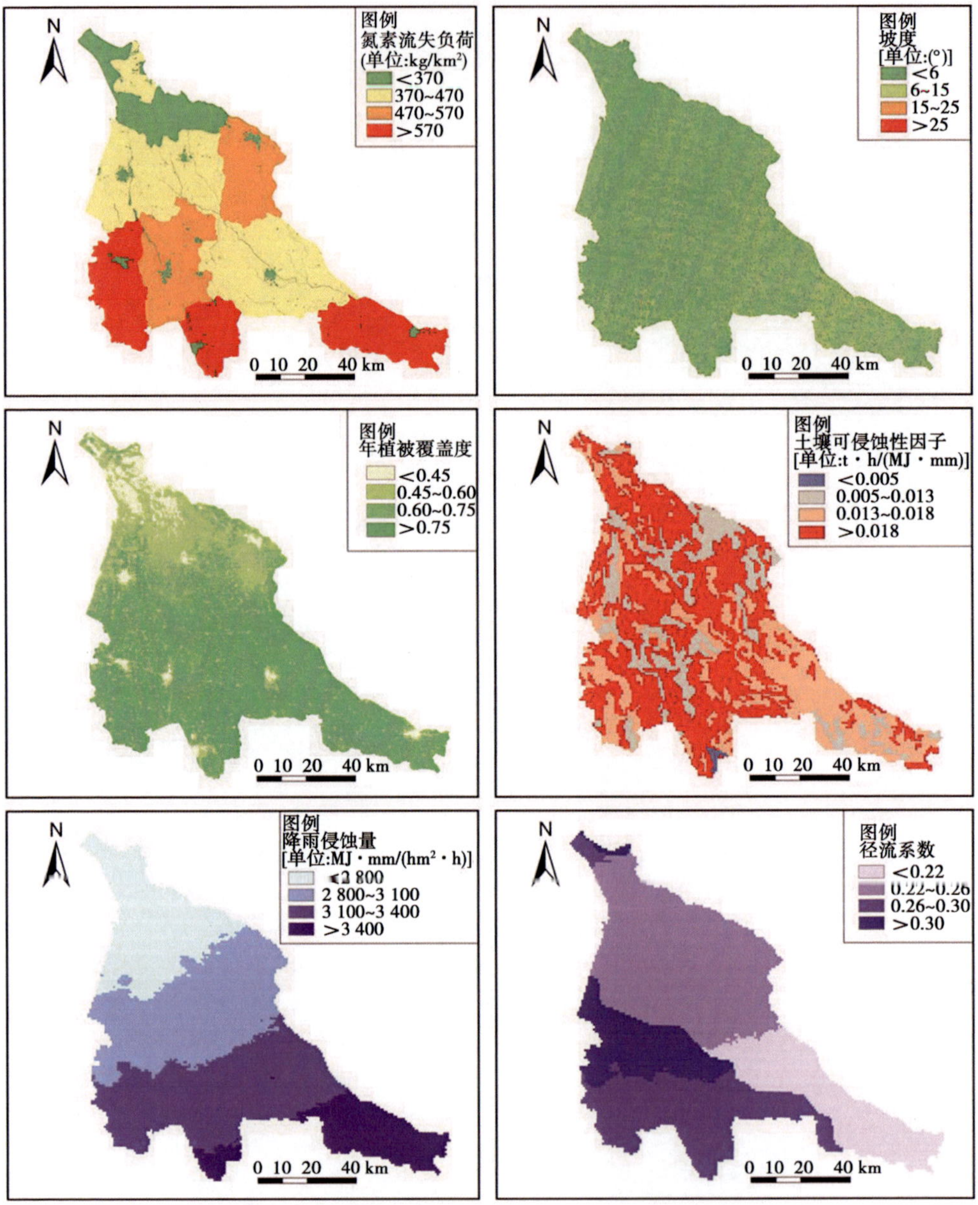

附图 11　赵口灌区氮素农业面源污染影响因子空间分布

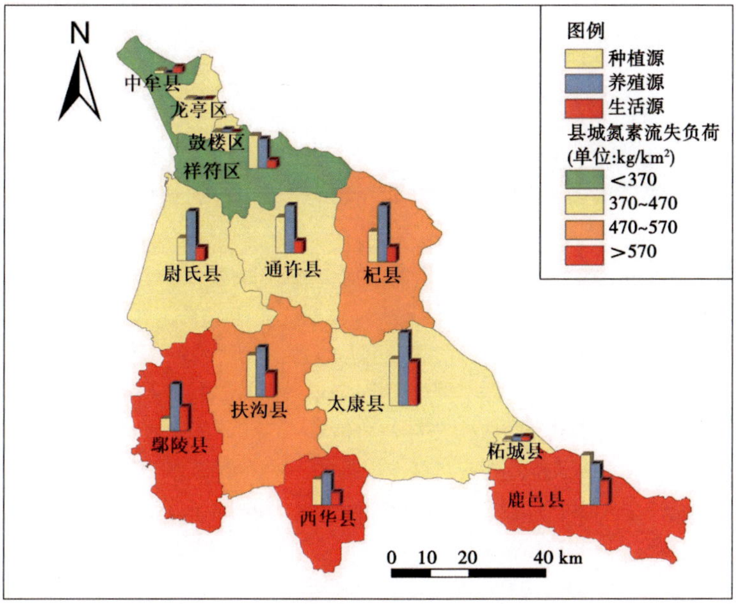

附图 12 赵口灌区县域氮素流失负荷

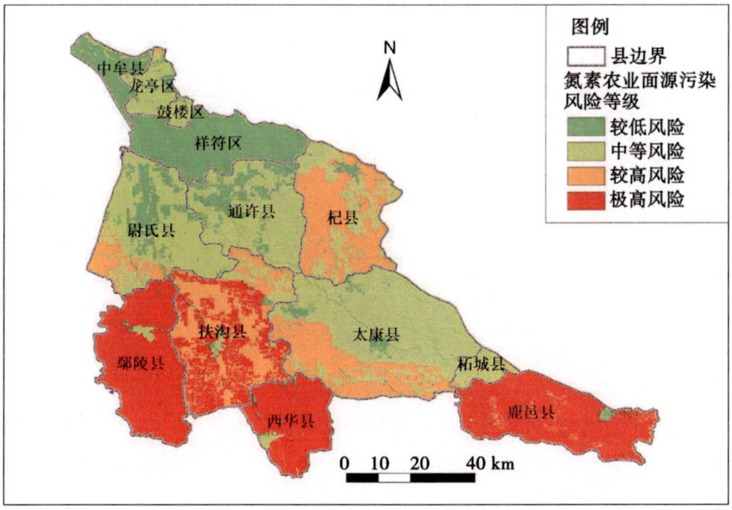

附图 13 赵口灌区氮素农业面源污染风险等级

参考文献

[1] 杨林章. 面源污染治理专论 [J]. 农业环境科学学报, 2013, 32(1): 1.

[2] GARG K K, KARLBERG L, BARRON J, et al. Assessing impacts of agricultural water interventions in the Kothapally watershed, Southern India [J]. Hydrological Processes, 2012, 26(3): 387-404.

[3] 周丰, 刘永, 黄凯,等. 流域水环境功能区划及其关键问题 [J]. 水科学进展, 2007(2): 216-222.

[4] 李丽华, 李强坤. 农业非点源污染研究进展和趋势 [J]. 农业资源与环境学报, 2014, 31(1): 13-22.

[5] 唐浩, 熊丽君, 黄沈发,等. 农业面源污染防治研究现状与展望 [J]. 环境科学与技术, 2011, 34(增刊): 107-112.

[6] 孙嘉. 农业非点源污染与防治技术评价及治理模式研究 [D]. 北京:北京林业大学,2015.

[7] 张维理,冀宏杰, KOLBE H,等. 中国农业面源污染形势估计及控制对策Ⅱ. 欧美国家农业面源污染状况及控制 [J]. 中国农业科学, 2004,37(7):1018.

[8] 郑一,王学军. 非点源污染研究的进展与展望 [J]. 水科学进展, 2002(1): 105-110.

[9] HEATHMAN G C, FLANAGAN D C, LAROSE M, et al. Application of the Soil and Water Assessment Tool and Annualized Agricultural Non-Point Source models in the St. Joseph River watershed [J]. Journal of Soil and Water Conservation, 2008, 63(6): 552-568.

[10] NARAMNGAM S, TONG S T Y. Environmental and economic implications of various conservative agricultural practices in the Upper Little Miami River basin [J]. Agricultural Water Management, 2013, 119: 65-79.

[11] BITEW M M, GEBREMICHAEL M. Evaluation of satellite rainfall products through hydrologic simulation in a fully distributed hydrologic model [J]. Water Resources Research, 2011, 47(6).

[12] WANG K, ZHANG R, LI Y. Closure to "Drainage-Process Analyses for Agricultural Non-Point-Source Pollution from Irrigated Paddy Systems" by Kang Wang, Renduo Zhang, and Hui Chen [J]. Journal of Irrigation and Drainage Engineering, 2015, 141(4).

[13] CLAYTON S. Hydrologic Modeling of the San Joaquin Valley Watershed for Purposes of Nitrate Analysis [M]. California:California Polytechnic State University,2013.

[14] PANAGOPOULOS Y, MAKROPOULOS C, MIMIKOU M. Decision support for diffuse pollution management [J]. Environmental Modelling & Software, 2012(30): 57-70.

[15] LAURENT F, RUELLAND D. Assessing impacts of alternative land use and agricultural practices on nitrate pollution at the catchment scale [J]. Journal of Hydrology, 2011, 409(1-2): 440-450.

[16] 张维理,徐爱国, 冀宏杰,等. 中国农业面源污染形势估计及控制对策Ⅲ. 中国农业面源污染控制中存在问题分析 [J]. 中国农业科学, 2004,37(7):1026.

[17] 杨林章, 冯彦房, 施卫明,等. 我国农业面源污染治理技术研究进展 [J]. 中国生态农业学报, 2013, 21(1):96-101.

[18] 张鑫, 武瑞颖. 我国北方农村水环境污染研究 [J]. 环境工程, 2015, 33(增刊):248-50.

[19] 李海峰. 我国水环境污染现状与化学计量应用分析 [J]. 环境科学与技术, 2011, 34(增刊): 317-320.

[20] 宋旭, 孙士宇, 张伟,等. “水污染防治行动计划”实施背景下我国水环境管理优化对策研究 [J]. 环境保护科学, 2017, 43(2):51-57.

[21] 幸红. 农村水污染成因及防治对策:以广东农村水污染为例 [J]. 广西民族大学学报(哲学社会科学版), 2010, 32(5):137-142.

[22] 陈勇. 陕西省农业非点源污染评价与控制研究 [D]. 杨凌:西北农林科技大学,2010.

[23] 王迎春, 李峰, 朱昌雄, 等. 农田水污染物排放控制标准研究 [J]. 中国人口·资源与环境, 2011, 21(增刊1): 427-430.

[24] 范锐敏. 农村面源污染市场防治机制问题及对策研究:以湖北梁子湖地区为例 [J]. 生态经济, 2016, 32(7):183-188.

[25] 王俊敏. 农村水环境问题探讨及建议 [J]. 现代经济探讨, 2016(2):78-81,86.

[26] 段华平. 农业非点源污染控制区划方法及其应用研究 [D]. 南京:南京农业大学,2010.

[27] 韩相奎, 刘学. 平原区流域非点源污染研究进展 [J]. 中国资源综合利用, 2014,32(2):52-55.

[28] 宋丰明, 李长有. 农村水环境污染控制及修复(综述) [J]. 江苏农业科学, 2012,40(3):330-332.

[29] MOLINA-NAVARRO E, TROLLE D, MARTINEZ-PEREZ S, et al. Hydrological and water quality impact assessment of a Mediterranean limno-reservoir under climate change and land use management scenarios [J]. Journal of Hydrology, 2014, 509: 354-366.

[30] 谢阳村. 基于BMPs的农业非点源污染主导流域总氮总量控制目标研究 [D]. 北京:中国地质大学,2012.

[31] 范良千. 流域非点源贡献率核定及总量负荷分配研究 [D]. 杭州:浙江大学,2011.

[32] 侯春放, 程全国, 李晔. 基于水环境容量的寇河流域生态补偿标准 [J]. 应用生态学报, 2015, 26(8):2466-2472.

[33] 郭洁. 乌梁素海生态修复措施及试验研究 [D]. 西安:西安理工大学,2009.

[34] 郭富强, 史海滨, 杨树青,等. 河套灌区氮素流失分析及最佳施氮量的确定 [J]. 土壤通报, 2013, 44(6): 1477-1482.

[35] 李彬, 史海滨, 张建国,等. 节水改造前后内蒙古河套灌区地下水水化学特征 [J]. 农业工程学报, 2014, 30(21): 99-110.

[36] 郝韶楠, 李叙勇,杜新忠,等. 平原灌区农田养分非点源污染研究进展 [J]. 生态环境学报, 2015, 24(7):1235-1244.

[37] 朱乾德. 平原水网农村生活区非点源污染流失规律与防控措施研究 [D]. 北京:中国水利水电科学研究院,2017.

[38] 龚冬琴. 南方稻区连续免耕对土壤性质及流域水文水质的影响 [D]. 杭州:浙江大学,2014.

[39] 韦玮, 崔丽娟, 李胜男, 等. 基于偏差平均值的乌梁素海湿地变化监测研究 [J]. 林业科学研究, 2012, 25(6): 719-725.

[40] 李山羊, 郭华明, 黄诗峰, 等. 1973—2014年河套平原湿地变化研究 [J]. 资源科学, 2016, 38(1): 19-29.

[41] 赵晓瑜, 杨培岭, 任树梅, 等. 内蒙古河套灌区湖泊湿地生态环境需水量研究 [J]. 灌溉排水学报, 2014, 33(2): 126-129.

[42] 赵锁志. 内蒙古乌梁素海湖水及底泥营养元素和重金属污染及其环境效应研究 [D]. 北京:中国地质大学(北京), 2013.

[43] 汪敬忠, 吴敬禄, 曾海鳌, 等. 内蒙古主要湖泊水资源及其变化分析[J]. 干旱区研究, 2015, 32(1):7-14.

[44] 王学全, 高前兆, 卢琦, 等. 内蒙古河套灌区水盐平衡与干排水脱盐分析 [J]. 地理科学, 2006(4): 4455-4460.

[45] 王静，郭熙盛，吕国安，等. 农业面源污染研究进展及其发展态势分析 [J]. 江苏农业科学，2016，44(9)：21-24.
[46] 李爽. 基于SWAT模型的南四湖流域非点源氮磷污染模拟及湖泊沉积的响应研究 [D]. 济南：山东师范大学，2012.
[47] 韩成伟. 寒冷地区非点源氮磷环境行为与模拟预测研究 [D]. 大连：大连理工大学，2012.
[48] 朱瑶，梁志伟，李伟，等. 流域水环境污染模型及其应用研究综述 [J]. 应用生态学报，2013，24(10)：3012-3018.
[49] 向霄，钟玲盈，王鲁梅. 非点源污染模型研究进展 [J]. 上海交通大学学报(农业科学版)，2013，31(2)：53-60.
[50] 夏军，翟晓燕，张永勇. 水环境非点源污染模型研究进展 [J]. 地理科学进展，2012，31(7)：941-952.
[51] 李伟. 苕溪流域地表水水质综合评价与非点源污染模拟研究 [D]. 杭州：浙江大学，2013.
[52] 罗倩. 辽宁太子河流域非点源污染模拟研究 [D]. 北京：中国农业大学，2013.
[53] SINGH J, KNAPP H V, ARNOLD J G, et al. Hydrological modeling of the iroquois river watershed using HSPF and SWAT [J]. Journal of the American Water Resources Association, 2005, 41(2): 343-360.
[54] PARAJULI P B, NELSON N O, FREES L D, et al. Comparison of AnnAGNPS and SWAT model simulation results in USDA-CEAP agricultural watersheds in south-central Kansas [J]. Hydrological Processes, 2009, 23(5): 748-763.
[55] JOHNSON M S, COON W F, MEHTA V K, et al. Application of two hydrologic models with different runoff mechanisms to a hillslope dominated watershed in the northeastern US: a comparison of HSPF and SMR [J]. Journal of Hydrology, 2003, 284(1-4): 57-76.
[56] 赵永宏，邓祥征，战金艳，等. 我国湖泊富营养化防治与控制策略研究进展 [J]. 环境科学与技术，2010，33(3)：92-98.
[57] 李定强，王继增，万洪富，等. 广东省东江流域典型小流域非点源污染物流失规律研究 [J]. 土壤侵蚀与水土保持学报，1998(3)：13-19.
[58] 李怀恩，沈冰，沈晋. 暴雨径流污染负荷计算的响应函数模型 [J]. 中国环境科学，1997，17(1)：17-20.
[59] 刘峰，李秀启，董贯仓，等. 黄河口滨海湿地水质污染物现状研究 [J]. 中国环境科学，2011，31(10)：1705-1710.
[60] 陈西平. 水网城市径流污染对河流水质影响的模拟研究 [J]. 环境科学学报，1991(1)：118-125.
[61] 代俊峰，崔远来. 基于SWAT的灌区分布式水文模型：Ⅱ. 模型应用 [J]. 水利学报，2009，40(3)：311-318.
[62] 马超飞，马建文，哈斯巴干，等. 基于RS和GIS的岷江流域退耕还林还草的初步研究 [J]. 水土保持学报，2001(4)：20-24.
[63] 饶群，徐炎华，张宇锋，等. 隔河岩水库库区总氮非点源模型研究 [J]. 环境科学与技术，2004，27(1)：38-39.
[64] 蒋颖，王学军，胡连伍，等. 流域总量控制下的农业非点源污染控制方案及其风险分析：以杭埠—丰乐河流域为例 [J]. 农业环境科学学报，2007(3)：807-812.
[65] NEITSCH S L, ARNOLD J G, KINIRY J R, et al. Soil and water assessment tool theoretical documentation, version 2000, TWRI Report TR-191 [J]. 2002.

[66] ARNOLD J G, ALLEN P M, BERNHARDT G. A comprehensive surface-groundwater flow model [J]. Journal of Hydrology, 1993, 142(1-4): 47-69.

[67] ARNOLD J G, SRINIVASAN R, MUTTIAH R S, et al. Large Area Hydrologic Modeling and Assessment Part I: Model Development1 [J]. JAWRA Journal of the American Water Resources Association, 2007, 34(1): 73-89.

[68] ARNOLD J G., SRINIVASAN R, MUTTIAH R S, et al. LARGE AREA HYDROLOGIC MODELING AND ASSESSMENT PART II: MODEL APPLICATION [J]. JAWRA Journal of the American Water Resources Association, 1998, 34(1): 91-101.

[69] WHITTEMORE R C. Discussion-"Validation of the SWAT model on a large river basin with point and nonpoint sources," by C. Santhi, J. G. Arnold, J. R. Williams, W. A. Dugas, R. Srinivasan, and L. M. Hauck [J]. Journal of the American Water Resources Association, 2002, 38(6): 1767-1768.

[70] TRIPATHI M P, PANDA R K, RAGHUWANSHI N S. Identification and Prioritization of Critical Sub-Watersheds for Soil Conservation Management Using the SWAT Model [J]. Biosystems Engineering, 2003, 85(3): 365-379.

[71] 庞靖鹏. 非点源污染分布式模拟:以密云水库水源地保护为例[D]. 北京:北京师范大学, 2007.

[72] 王中根, 朱新军, 夏军, 等. 海河流域分布式 SWAT 模型的构建 [J]. 地理科学进展, 2008(4): 1-6.

[73] 胡连伍, 王学军, 罗定贵, 等. 基于 SWAT 2000 模型的流域氮营养素环境自净效率模拟:以杭埠—丰乐河流域为例 [J]. 地理与地理信息科学, 2006(2): 35-38.

[74] 张秋玲. 基于 SWAT 模型的平原区农业非点源污染模拟研究 [D]. 杭州:浙江大学, 2010.

[75] MANGUERRA H B, ENGEL B A. HYDROLOGIC PARAMETERIZATION OF WATERSHEDS FOR RUNOFF PREDICTION USING SWAT1 [J]. JAWRA Journal of the American Water Resources Association, 1998, 34(5): 14.

[76] JHA M, GASSMAN P W, SECCHI S, et al. Effect of watershed subdivision on swat flow, sediment, and nutrient predictions [J]. Journal of the American Water Resources Association, 2004, 40(3): 811-825.

[77] BINGNER R L, THEURER F D, YUAN Y. AnnAGNPS technical processes [J]. 2003.

[78] COTTER A S, CHAUBEY I, COSTELLO T A, et al. Water quality model output uncertainty as affected by spatial resolution of input data [J]. Journal of the American Water Resources Association, 2003, 39(4): 977-986.

[79] CHAUBEY I, COTTER A S, COSTELLO T A, et al. Effect of DEM data resolution on SWAT output uncertainty [J]. Hydrological Processes, 2005, 19(3): 621-628.

[80] GEZA M, MCCRAY J E. Effects of soil data resolution on SWAT model stream flow and water quality predictions [J]. Journal of Environmental Management, 2008, 88(3): 393-406.

[81]秦福来. 基于 SWAT 模型的非点源污染模拟研究:以密云水库北部流域为例 [D]. 北京:首都师范大学, 2006.

[82] 任希岩,张雪松,郝芳华,等. DEM 分辨率对产流产沙模拟影响研究 [J]. 水土保持研究, 2004(1): 1-4.

[83] 徐淑琴, 丁星臣, 王斌, 等. 遥感降水量产品寒区精度评估与径流模拟适用性研究 [J]. 农业机械学报, 2017, 48(11): 289-299.

[84] 朱红雷, 史晓亮, 李英臣, 等. 基于 SWAT 模型的 TRMM 降水数据径流模拟适宜性评价 [J]. 水

土保持研究, 2017, 24(5): 105-112.

[85] TOBIN K J, BENNETT M E. Impact of model complexity and precipitation data products on modeled streamflow [J]. Journal of Hydroinformatics, 2014, 16(3): 588-599.

[86] PRICE K, PURUCKER S T, KRAEMER S R, et al. Comparison of radar and gauge precipitation data in watershed models across varying spatial and temporal scales [J]. Hydrological Processes, 2014, 28 (9): 3505-3520.

[87] 宁吉才, 刘高焕, 叶宇, 等. SWAT 模型降水输入参数的改进研究 [J]. 自然资源学报, 2012, 27 (5): 866-875.

[88] WHITE K L, CHAUBEY I. Sensitivity analysis, calibration, and validations for a multisite and multivariable SWAT model [J]. Journal of the American Water Resources Association, 2005, 41 (5): 1077-1089.

[89] XIE X, CUI Y. Development and test of SWAT for modeling hydrological processes in irrigation districts with paddy rice [J]. Journal of Hydrology, 2011, 396(1-2): 61-71.

[90] RATHJENS H, BIEGER K, CHAUBEY I, et al. Delineating floodplain and upland areas for hydrologic models: a comparison of methods [J]. Hydrological Processes, 2016, 30(23): 4367-4383.

[91] 郑捷, 李光永, 韩振中, 等. 改进的 SWAT 模型在平原灌区的应用 [J]. 水利学报, 2011, 42(1): 88-97.

[92] 胡文慧, 李光永, 孟国霞, 等. 基于 SWAT 模型的汾河灌区非点源污染负荷评估 [J]. 水利学报, 2013, 44(11): 1309-1316.

[93] VOLK M, BOSCH D, NANGIA V, et al. SWAT: Agricultural water and nonpoint source pollution management at a watershed scale-Part Ⅱ [J]. Agricultural Water Management, 2017, 180: 191-193.

[94] ARABI M, GOVINDARAJU R S, HANTUSH M M. A probabilistic approach for analysis of uncertainty in the evaluation of watershed management practices [J]. Journal of Hydrology, 2007, 333(2-4): 459-471.

[95] 余红, 沈珍瑶. 大宁河流域非点源污染不确定性分析 [J]. 北京师范大学学报(自然科学版), 2008(1): 86-91.

[96] 李占玲, 徐宗学. 黑河流域上游山区径流模拟及模型评估 [J]. 北京师范大学学报(自然科学版), 2010, 46(3): 344-349.

[97] 郝芳华, 孙铭泽, 张璇, 等. 河套灌区土壤水和地下水动态变化及水平衡研究 [J]. 环境科学学报, 2013, 33(3): 771-779.

[98] 郝芳华, 欧阳威, 岳勇, 等. 内蒙古农业灌区水循环特征及对土壤水运移影响的分析 [J]. 环境科学学报, 2008(5): 825-831.

[99] 马龙, 吴敬禄. 近 50 年来内蒙古河套平原气候及湖泊环境演变 [J]. 干旱区研究, 2010, 27(6): 871-877.

[100] 吴用, 史小红, 赵胜男, 等. 内蒙古高原 3 大典型湖泊水化学特征及其控制因素分析 [J]. 生态环境学报, 2015, 24(7): 1202-1208.

[101] 管孝艳, 王少丽, 高占义, 等. 盐渍化灌区土壤盐分的时空变异特征及其与地下水埋深的关系 [J]. 生态学报, 2012, 32(4): 198-206.

[102] 郝振纯, 张越关, 杨传国, 等. 黄河源区水文模拟中地形和融雪影响 [J]. 水科学进展, 2013, 24 (3): 311-318.

[103] 王学全, 卢琦, 高前兆. 内蒙古河套灌区引用黄河水量分析 [J]. 干旱区研究, 2005(2):

146-151.

[104] 屈忠义，杨晓，黄永江，等. 基于 Horton 分形的河套灌区渠系水利用效率分析［J］. 农业工程学报，2015，31(13)：120-127.

[105] 金双彦，张遂业，马志瑾，等. 水量统一调度以来黄河内蒙古河段耗水量分析［J］. 地理学报，2015，70(3)：501.

[106] 陈建生，张志伟，刘震，等. 乌梁素海及其周边地区水源补给关系同位素研究［J］. 水资源保护，2013，29(4)：12-18.

[107] 于瑞宏，刘廷玺，李畅游，等. 干旱区草型湖泊悬浮固体浓度及水深的遥感与分析［J］. 水利学报，2005(7)：853-862.

[108] 巩琳琳，黄强，薛小杰，等. 基于生态保护目标的乌梁素海生态需水研究［J］. 水力发电学报，2012，31(6)：83-88.

[109] 王效科，赵同谦，欧阳志云，等. 乌梁素海保护的生态需水量评估［J］. 生态学报，2004(10)：2124-2129.

[110] 郑久瑜，赵西宁，操信春，等. 河套灌区农业水土资源时空匹配格局研究［J］. 水土保持研究，2015，22(3)：132-136.

[111] 王伦平，陈亚新. 内蒙古河套灌区灌溉排水与盐碱化防治［M］. 北京：水利电力出版社，1993.

[112] 张宝庆. 黄土高原干旱时空变异及雨水资源化潜力研究［D］. 杨凌：西北农林科技大学，2014.

[113] 曹连海，吴普特，赵西宁，等. 近 50 年河套灌区种植系统演化分析［J］. 农业机械学报，2014，45(7)：144-150.

[114] 张银辉，罗毅，刘纪远，等. 内蒙古河套灌区土地利用与景观格局变化研究［J］. 农业工程学报，2005(1)：61-65.

[115] 吕睿喆，翁白莎，严登明，等. 气候变化背景下乌梁素海流域水循环系统的演变特征［J］. 水资源与水工程学报，2015，26(6)：30-34.

[116] 段晓男，王效科，欧阳志云，等. 内蒙古河套灌区农田生产和乌梁素海湿地保护综合模型分析［J］. 资源科学，2008(4)：628-633.

[117] 曾阿妍，郝芳华，张嘉勋，等. 内蒙古农业灌区夏、秋浇的氮磷流失变化［J］. 环境科学学报，2008(5)：838-844.

[118] 杜军，杨培岭，李云开，等. 基于水量平衡下灌区农田系统中氮素迁移及平衡的分析［J］. 生态学报，2011，31(16)：4549-4559.

[119] 张宇瑾，于瑞宏，张笑欣，等. 近 30 年内蒙古入湖流域干旱特征时空变化分析［J］. 水资源与水工程学报，2016，27(6)：232-238.

[120] PANDAY S, HUYAKORN P S. A fully coupled physically-based spatially-distributed model for evaluating surface/subsurface flow [J]. Advances in Water Resources, 2004, 27(4): 361-382.

[121] ABU EL-NASR A, ARNOLD J G, FEYEN J, et al. Modelling the hydrology of a catchment using a distributed and a semi-distributed model [J]. Hydrological Processes, 2005, 19(3): 573-587.

[122] ASCOUGH J C, II, DAVID O, KRAUSE P, et al. Development and application of a modular watershed-scale hydrologic model using the object modeling system: runoff response evaluation [J]. Transactions of the Asabe, 2012, 55(1): 117-135.

[123] COOLS J, BROEKX S, VANDENBERGHE V, et al. Coupling a hydrological water quality model and an economic optimization model to set up a cost-effective emission reduction scenario for nitrogen [J]. Environmental Modelling & Software, 2011, 26(1): 44-51.

[124] LAM Q D, SCHMALZ B, FOHRER N. Assessing the spatial and temporal variations of water quality in lowland areas, Northern Germany [J]. Journal of Hydrology, 2012, 438: 137-147.

[125] GIRI S, NEJADHASHEMI A P, ZHANG Z, et al. Integrating statistical and hydrological models to identify implementation sites for agricultural conservation practices [J]. Environmental Modelling & Software, 2015, 72: 327-340.

[126] VAN LIEW M W, ARNOLD J G, GARBRECHT J D. Hydrologic simulation on agricultural watersheds: Choosing between two models [J]. Transactions of the Asae, 2003, 46(6): 1539-1551.

[127] LI Z, HU K, LI B, et al. Evaluation of water and nitrogen use efficiencies in a double cropping system under different integrated management practices based on a model approach [J]. Agricultural Water Management, 2015, 159: 19-34.

[128] 吴用, 李畅游, 张成福, 等. 基于 ArcGIS 和 SWAT 的山区、平原区复合地貌流域划分方法研究 [J]. 干旱区地理, 2016, 39(2): 413-419.

[129] 王德智, 何夕龙, 汪洋. 基于 SRTM-DEM 的淮北平原流域特征提取 [J]. 江淮水利科技, 2011 (2): 44-45.

[130] 左俊杰, 蔡永立. 平原河网地区汇水区的划分方法:以上海市为例 [J]. 水科学进展, 2011, 22 (3): 337-343.

[131] 孙世明, 付丛生, 张明华. SWAT 模型在平原河网区的子流域划分方法研究 [J]. 中国农村水利水电, 2011(6): 17-20.

[132] 罗运祥, 苏保林, 李卉, 等. 平原河网地区 SWAT 模型子流域概化方法 [J]. 北京师范大学学报 (自然科学版), 2011, 47(4): 415-418.

[133] 朱超, 于瑞宏, 刘慧颖, 等. 基于 DEM 的乌梁素海东部流域河网信息提取 [J]. 水资源保护, 2011, 27(3): 75-79.

[134] 周钧迪, 马锦, 宋密, 等. 河套灌区排水网络集水面积阈值研究 [J]. 水利科技与经济, 2012, 18 (2): 25-27.

[135] LENHART T, ECKHARDT K, FOHRER N, et al. Comparison of two different approaches of sensitivity analysis [J]. Physics and Chemistry of the Earth, 2002, 27(9-10): 645-654.

[136] WELLEN C, ARHONDITSIS G B, LONG T, et al. Quantifying the uncertainty of nonpoint source attribution in distributed water quality models: A Bayesian assessment of SWATS sediment export predictions [J]. Journal of Hydrology, 2014, 519: 3353-3368.

[137] 王中根,刘昌明, 黄友波. SWAT 模型的原理、结构及应用研究 [J]. 地理科学进展, 2003(1): 79-86.

[138] 代俊峰, 崔远来. 基于 SWAT 的灌区分布式水文模型: Ⅰ. 模型构建的原理与方法 [J]. 水利学报, 2009, 40(2): 145-152.

[139] TE LINDE A H, AERTS J C J H, HURKMANS R T W L, et al. Comparing model performance of two rainfall-runoff models in the Rhine basin using different atmospheric forcing data sets [J]. Hydrology and Earth System Sciences, 2008, 12(3): 943-957.

[140] DECHMI F, BURGUETE J, SKHIRI A. SWAT application in intensive irrigation systems: Model modification, calibration and validation [J]. Journal of Hydrology, 2012, 470: 227-238.

[141] KANNAN N, JEONG J, SRINIVASAN R. Hydrologic Modeling of a Canal-Irrigated Agricultural Watershed with Irrigation Best Management Practices: Case Study [J]. Journal of Hydrologic Engineering, 2011, 16(9): 746-757.

[142] 茌伟伟. 基于分布式水文模型的灌区用水效率评价 [D]. 北京:中国水利水电科学研究院, 2013.

[143] 潘保仲. "中国主要农作物需水量图"研究成果通过鉴定 [J]. 灌溉排水, 1992(1): 47.

[144] ZHENG J, LI G Y, HAN Z Z, et al. Hydrological cycle simulation of an irrigation district based on a SWAT model [J]. Mathematical and Computer Modelling, 2010, 51(11-12): 1312-1318.

[145] SANG X, ZHOU Z, WANG H, et al. Development of Soil and Water Assessment Tool Model on Human Water Use and Application in the Area of High Human Activities, Tianjin, China [J]. Journal of Irrigation and Drainage Engineering, 2010, 136(1): 23-30.

[146] LIU L, LUO Y, HE C, et al. Roles of the combined irrigation, drainage, and storage of the canal network in improving water reuse in the irrigation districts along the lower Yellow River, China [J]. Journal of Hydrology, 2010, 391(1-2): 159-176.

[147] LIU R, ZHANG P, WANG X, et al. Assessment of effects of best management practices on agricultural non-point source pollution in Xiangxi River watershed [J]. Agricultural Water Management, 2013, 117: 9-18.

[148] 张银辉, 罗毅. 基于分布式水文学模型的内蒙古河套灌区水循环特征研究 [J]. 资源科学, 2009, 31(5):763-771.

[149] WU Y, LI C, ZHANG C, et al. Evaluation of the applicability of the SWAT model in an arid piedmont plain oasis [J]. Water Science and Technology, 2016, 73(6): 1341-1348.

[150] LU J, GONG D, SHEN Y, et al. An inversed Bayesian modeling approach for estimating nitrogen export coefficients and uncertainty assessment in an agricultural watershed in eastern China [J]. Agricultural Water Management, 2013, 116: 79-88.

[151] GETNET M, HENGSDIJK H, VAN ITTERSUM M. Disentangling the impacts of climate change, land use change and irrigation on the Central Rift Valley water system of Ethiopia [J]. Agricultural Water Management, 2014, 137: 104-115.

[152] NAPOLI M, ORLANDINI S. Evaluating the Arc-SWAT2009 in predicting runoff, sediment, and nutrient yields from a vineyard and an olive orchard in Central Italy [J]. Agricultural Water Management, 2015, 153: 51-62.

[153] SCHMIDT E, ZEMADIM B. Expanding sustainable land management in Ethiopia: Scenarios for improved agricultural water management in the Blue Nile [J]. Agricultural Water Management, 2015, 158: 166-178.

[154] DAI J, CUI Y, CAI X, et al. Influence of water management on the water cycle in a small watershed irrigation system based on a distributed hydrologic model [J]. Agricultural Water Management, 2016, 174: 52-60.

[155] LIUZZO L, NOTO L V, VIVONI E R, et al. Basin-Scale Water Resources Assessment in Oklahoma under Synthetic Climate Change Scenarios Using a Fully Distributed Hydrologic Model [J]. Journal of Hydrologic Engineering, 2010, 15(2): 107-122.

[156] IVANOV V Y, VIVONI E R, BRAS R L, et al. Preserving high-resolution surface and rainfall data in operational-scale basin hydrology: a fully-distributed physically-based approach [J]. Journal of Hydrology, 2004, 298(1-4): 80-111.

[157] IVANOV V Y, VIVONI E R, BRAS R L, et al. Catchment hydrologic response with a fully distributed triangulated irregular network model [J]. Water Resources Research, 2004, 40(11).

[158] WU K, JOHNSTON C A. Hydrologic response to climatic variability in a Great Lakes Watershed: A

case study with the SWAT model [J]. Journal of Hydrology, 2007, 337(1-2): 187-199.

[159] 王琼. 基于SWAT模型的小清河流域氮磷污染负荷核算及总量控制 [D]. 烟台:中国科学院烟台海岸带研究所,2015.

[160] 边博, 夏明芳, 王志良, 等. 太湖流域重污染区主要水污染物总量控制 [J]. 湖泊科学, 2012, 24(3): 327-333.

[161] 石雯倩. 汤浦水库流域水质变化及污染物总量控制模拟 [D]. 杭州:浙江大学,2014.

[162] 王少丽. 基于水环境保护的农田排水研究新进展 [J]. 水利学报, 2010, 41(6): 697-702.

[163] 祝慧娜, 袁兴中, 梁婕, 等. 河流水环境污染风险模糊综合评价模型 [J]. 中国环境科学, 2011, 31(3): 516-521.

[164] 赵显波, 雷晓云, 沈志伟,等. 蘑菇湖水库水环境容量总量控制研究 [J]. 灌溉排水学报, 2007(2): 86-89.

[165] 王显丽. 基于水生态承载力的洱海流域TMDL总量研究 [D]. 乌鲁木齐:新疆农业大学, 2015.

[166] 陈丁江, 吕军, 金树权, 等. 河流水环境容量的估算和分配研究 [J]. 水土保持学报, 2007(3): 123-127.

[167] 王志杰, 李畅游, 张生, 等. 基于容量迭加法的乌梁素海承载力计算 [J]. 环境工程学报, 2009, 3(10): 1912-1916.

[168] 王玉敏,周孝德, 李家科. 湖泊水环境容量迭加计算方法研究 [J]. 干旱区资源与环境, 2005(6): 110-114.

[169] 李卫平, 李畅游, 王丽, 等. 不同数学模型下的乌梁素海水环境氮磷容量模拟计算 [J]. 农业环境科学学报, 2007(增刊2): 379-385.

[170] 于瑞宏, 许有鹏, 刘廷玺, 等. 应用多光谱遥感信息反演干旱区浅水湖泊水深 [J]. 水科学进展, 2009, 20(1): 111-117.

[171] 李畅游,于瑞宏, 王丽,等. 乌梁素海遥感影像的水体提取方法与分析 [J]. 内蒙古农业大学学报(自然科学版), 2004(1): 1-4.

[172] 于瑞宏, 刘廷玺,许有鹏,等. 乌梁素海湿地环境的演变 [J]. 地理学报, 2004(6): 948-955.

[173] 朱瑶. 苕溪流域非点源污染SWAT与WASP耦合模拟及水环境容量核算研究 [D]. 杭州:浙江大学,2014.

[174] 李彦武,张永良. 污染负荷分配计算的方法研究 [J]. 环境科学研究, 1992(2): 45-48.

[175] 杨瑞. 基于环境基尼系数法的陕西省二氧化硫总量分配研究 [D]. 西安:西北大学, 2016.

[176] 刘奇, 李智, 姚刚. 基于基尼系数的水污染物总量分配公平性研究 [J]. 中国给水排水, 2016, 32(11): 90-94.

[177] 田平, 方晓波, 王飞儿, 等. 基于环境基尼系数最小化模型的水污染物总量分配优化:以张家港平原水网区为例 [J]. 中国环境科学, 2014, 34(3): 801-809.

[178] 钟晓青, 张万明, 李萌萌. 基于生态容量的广东省资源环境基尼系数计算与分析:与张音波等商榷 [J]. 生态学报, 2008(9): 4486-4493.

[179] 朱凯航, 陈磊, 王怡雯, 等. 分布式水土流失型面源污染模型初探 [J]. 农业环境科学学报, 2022, 41(11): 2382-2394.

[180] ZHANG X, CHEN P, DAI S, et al. Analysis of non-point source nitrogen pollution in watersheds based on SWAT model [J]. Ecological Indicators, 2022, 138.

[181] LIAN Y, CHAN I C, SINGH J, et al. Coupling of hydrologic and hydraulic models for the Illinois River Basin [J]. Journal of Hydrology, 2007, 344(3-4): 210-222.

[182] KARKI R, TAGERT M L M, PAZ J O, et al. Application of AnnAGNPS to model an agricultural watershed in East-Central Mississippi for the evaluation of an on-farm water storage (OFWS) system [J]. Agricultural Water Management, 2017, 192: 103-114.

[183] SAMIMI M, MIRCHI A, MORIASI D, et al. Modeling arid/semi-arid irrigated agricultural watersheds with SWAT: Applications, challenges, and solution strategies [J]. Journal of Hydrology, 2020, 590.

[184] 王思如，杨大文，孙金华，等. 我国农业面源污染现状与特征分析 [J]. 水资源保护，2021，37(4)：140-147.

[185] ZHU K W, CHEN Y C, ZHANG S, et al. Identification and prevention of agricultural non-point source pollution risk based on the minimum cumulative resistance model [J]. Global Ecology and Conservation, 2020, 23.

[186] 苏静君，赵洪涛，焦茹媛，等. 基于R语言的非点源颗粒态磷指数构建及应用：以丘陵红壤区小流域为例 [J]. 中国环境科学，2021，41(4)：1868-1877.

[187] 丁学谦，吴群，文高辉，等. 2005—2019年洞庭湖平原耕地面源污染迁移轨迹及空间格局 [J]. 农业工程学报，2021，37(15)：258-266.

[188] WANG W, CHEN L, SHEN Z. Dynamic export coefficient model for evaluating the effects of environmental changes on non-point source pollution [J]. Science of the Total Environment, 2020, 747.

[189] GUO X, TANKPA V, WANG L, et al. Framework of multi-level regionalization schemes based on non-point source pollution to advance the environmental management of small watersheds [J]. Environmental Science and Pollution Research, 2021, 28(24): 31122-31137.

[190] 雷思楠. 鄂尔多斯农田面源污染生态风险评价指标构建及应用 [D]. 呼和浩特：内蒙古农业大学，2023.

[191] 刘建昌，严岩，刘峰，等. 基于多因子指数集成的流域面源污染风险研究 [J]. 环境科学，2008(3)：599-606.

[192] WANG S, WANG Y, WANG Y, et al. Assessment of influencing factors on non-point source pollution critical source areas in an agricultural watershed [J]. Ecological Indicators, 2022, 141.

[193] 龚世飞，丁武汉，居学海，等. 典型农业小流域面源污染源解析与控制策略：以丹江口水源涵养区为例 [J]. 中国农业科学，2021，54(18)：3919-3931.

[194] WANG Y, LIU G, ZHAO Z, et al. Using soil erosion to locate nonpoint source pollution risks in coastal zones: A case study in the Yellow River Delta, China [J]. Environmental Pollution, 2021, 283.

[195] 李书田，金继运. 中国不同区域农田养分输入、输出与平衡 [J]. 中国农业科学，2011，44(20)：4207-4229.

[196] 刘晓永. 中国农业生产中的养分平衡与需求研究 [D]. 北京：中国农业科学院，2018.

[197] WANG X, FENG A, WANG Q, et al. Spatial variability of the nutrient balance and related NPSP risk analysis for agro-ecosystems in China in 2010 [J]. Agriculture Ecosystems & Environment, 2014, 193: 42-52.

[198] WISCHMEIER W H, SMITH D D. Predicting Rainfall Erosion Losses-A Guide To Conservation Planning [M]. United States. Dept. of Agriculture. Agriculture handbook(USA), 1978.

[199] 李苗苗，吴炳方，颜长珍，等. 密云水库上游植被覆盖度的遥感估算 [J]. 资源科学，2004(4)：153-159.

[200] ZHANG K, SHU A, XU X, et al. Soil erodibility and its estimation for agricultural soils in China [J].

2008, 72(6): 1002-1011.
[201] 杨金凤, 冯爱萍, 王雪蕾, 等. 海河流域农业面源污染潜在风险识别方法 [J]. 中国环境科学, 2021, 41(10): 4782-4791.
[202] 高莹, 孙喜军, 景鹏娟, 等. 西安市化肥施用面源污染环境风险评价研究 [J]. 陕西农业科学, 2021, 67(10): 66-74.
[203] 曾亚丹. 国土综合整治与生态修复中农业面源污染现状与治理对策 [J]. 黑龙江环境通报, 2023, 36(5): 105-107.
[204] 龚雪梅. 打好农业面源污染攻坚战的策略研究 [J]. 农村实用技术, 2020(1): 177-178.
[205] 武攀. 农村面源污染的经济根源探究及对策分析: 以河南省沈丘县武营行政村为例 [D]. 开封: 河南大学, 2016.
[206] 浦碧雯. 山东省农业面源污染现状与防治对策 [D]. 济南: 山东大学, 2013.